光球磁场对日冕磁位形的影响

汪红娟　林　隽　刘艳霄　著

　　本书的出版得到了北京印刷学院和以下项目的有力支持，在此表示感谢：国家自然科学基金项目(项目编号：11603004)，北京市自然科学基金项目 (项目编号 : 1173010)，北京市教委项目 (项目编号：KM201710015004)和北京印刷学院校内教师队伍建设项目 (项目编号：27170118003/006)。

科　学　出　版　社

北　京

内 容 简 介

剧烈的太阳活动发生时，尤其是日冕物质抛射(CME)爆发时，在很短时间内，会把携带的大量高能带电粒子流抛到行星际空间，对空间天气造成强烈扰动。因此对 CME 的预报已成为与人们日常生活息息相关的一部分。为了找出 CME 爆发的预报因子，本书对其爆发前的动力学演化系统进行了细致的研究分析，并且对光球磁场强度对整个系统演化的影响进行了探讨。这对日地空间环境、日地关系和空间天气学的研究具有重大的现实意义。

本书适合太阳物理和空间物理等相关领域的本科生、研究生作为教材使用，也可供相关专业教师和科研人员阅读参考。

图书在版编目(CIP)数据

光球磁场对日冕磁位形的影响/汪红娟，林隽，刘艳霄著.—北京：科学出版社，2019.3
ISBN 978-7-03-059494-5

Ⅰ.①光… Ⅱ.①汪… ②林… ③刘… Ⅲ.①日冕-研究 Ⅳ.①P182.6

中国版本图书馆 CIP 数据核字(2018) 第 256586 号

责任编辑：刘凤娟　田轶静 ／责任校对：杨　然
责任印制：吴兆东 ／封面设计：耕者设计

科 学 出 版 社 出版
北京东黄城根北街 16 号
邮政编码：100717
http://www.sciencep.com

北京中石油彩色印刷有限责任公司 印刷
科学出版社发行　各地新华书店经销
*
2019 年 3 月第 一 版　开本：720×1000　1/16
2019 年 3 月第一次印刷　印张：10 1/2　插页：2
字数：200 000

定价：79.00 元
(如有印装质量问题，我社负责调换)

前　　言

当日冕物质抛射 (CME) 发生时，在很短时间内，CME 会把携带的巨大能量和物质，以及大量的高能射线、高能粒子抛到行星际空间，对空间天气造成强烈扰动。因此对 CME 的预报已成为与人们日常生活息息相关的一部分。为了找出 CME 的预报因子，我们使用数值模拟的方法研究了其爆发前的系统演化，主要研究光球背景场磁场强度对整个系统演化的影响。因为日冕中磁结构的演化是由光球背景场控制的，因此我们以能够描述光球背景状态的参数为基本参数，以参数的变化为基本依据来考察整个系统的演化。这部分内容主要讨论了光球背景场磁场强度对日冕磁结构演化的影响。在一个接近实际的等离子体环境中，通过一系列的数值实验，我们调查了磁通量绳 (用于描述悬浮于日冕中的日珥或暗条) 的平衡高度以及其内部平衡演化特征，这对太阳爆发的预报工作具有一定的参考价值。

本书另外一部分的内容是基于抚仙湖 1m 新真空望远镜 (New Vacuum Solar Telescope, NVST) 的观测数据展开的。NVST 所处环境具有非常优良和稳定的视宁度，这允许我们在一个比较稳定的视宁度环境中进行长时间、不间断的观测。NVST 优质的观测条件让我们能够观测到两种演化类型的亮点：孤立亮点和非孤立亮点。孤立亮点是那些在寿命演化中没有发生过分裂和融合的亮点，而非孤立亮点则是那些发生过至少一次分裂或者融合的亮点。NVST 的长时间高分辨的观测使得孤立亮点的很多演化特征都能够得到比较完整的考察。我们分析了活动区附近的 2010 个亮点，其中 35% 的亮点为非孤立亮点，而剩余的 65% 为孤立亮点。本书还进一步讨论了光球 (孤立和非孤立) 亮点在不同平均背景磁场强度下的寿命、面积、亮度分布等特征。

　　本书的出版得到了北京印刷学院和以下项目的有力支持, 在此表示感谢: 国家自然科学基金项目 (项目编号: 11603004), 北京市自然科学基金项目 (项目编号:1173010), 北京市教委项目 (项目编号: KM201710015-004) 和北京印刷学院校内教师队伍建设项目 (项目编号: 27170118003/006)。

作　　者

目　　录

第1章　数值模拟简述以及磁流体基本方程组概述

1.1　数值模拟简述

数值模拟是一种用于描述物理过程的手段和方法。它从一定的基本物理定律出发，用离散化变量描述物理体系的状态。这些变量在计算机中根据基本物理定律制约的简单关系进行演化，从而模拟物理过程的发展和演化[1]。

我们在研究某些物理问题时，会发现被研究的这些客体的表现形式是复杂多样的，而我们研究的目的并不在于对这些客体的复杂性与多样性进行准确的、完整的描述和复原，而在于寻找某些运动过程中的制约关系。因此，这就要求我们在研究的过程中，忽略掉一些无关的或次要的因素，针对某一方面的制约关系，建立出相应的模型。因此，模型并不是客体本身，而只是客体在某一方面属性的抽象。而数值模拟是建立数值模型的一种方式，其目的就是去除一些次要因素 (与建立解析模型相比，忽略的次要因素要少很多，因此考察的内容更全面，得到的结果更丰富)，而对物理过程中所体现的某一方面的影响进行研究。

数值模拟是从已经建立起来的基本规律出发，用数学方法对物理过程进行的模拟。因此，对物理过程的深刻理解是数值模拟过程中要贯彻的主导思想。

数值模拟与科学计算密切相连，近年来随着 IT 产业的迅速发展，从事高性能科学计算和数值模拟方向已经成为可能，并在将来成为热点。数值模拟目前已成为除实验研究与理论研究之外的第三种科学研究手段。

等离子体数值模拟主要有两种类型: 一是磁流体动力学 (MHD) 模拟, 从磁流体力学方程组出发对其进行数值求解; 二是粒子模拟, 从牛顿定律和麦克斯韦方程出发[1-3]进行数值求解。狭义的等离子体模拟通常指的是粒子模拟, 但在空间物理应用中, 磁流体动力学模拟比粒子模拟应用得更广泛[1]。

而本书采用的是第一种针对某一具体问题的模拟 —— 磁流体动力学模拟。从磁流体动力学方程组出发, 采用有限差分法对该偏微分方程组进行数值求解。

1.2　磁流体基本方程组概述

由于内部离子的碰撞非常频繁 (离子的平均自由量程远小于系统的特征尺度), 所以我们可以通过宏观方程来简单概述性地描述等离子体。磁流体动力学是研究等离子体宏观平衡和稳定性最简单的单流体模型。

假定德拜半径是 l_D, 离子回旋半径是 r_C, 平均自由程是 λ, 特征尺度是 r, 如果 $r \gg \lambda \gg r_C \gg l_D$, 则等离子体可以看作是单一流体。也就是说, 当运动的时间尺度大于等离子体最长的内部时间尺度 —— 离子回旋周期, 空间尺度大于最长的内部空间尺度 —— 离子回旋半径时, 被研究的对象中, 电子及离子的个性都不重要了, 表现出的是粒子运动的平均形态, 等离子体可以被看成是连续流体。由于空间物理对这一类大尺度的宏观现象特别感兴趣, 因此连续流体的描述及模拟方法, 在空间物理中占有十分重要的地位。

我们先从微观上进行数学推导。在相空间 (x, v) 中定义分布函数 $f(x, v)$, 它能给出统计意义下体系运动状态完整的描述。通过下面的弗

拉索夫方程对分布函数求解, 进而可得出系统随时间的演化情况[4, 5]:

$$0 = \frac{\mathrm{d}f}{\mathrm{d}t} = \frac{\partial f}{\partial t} + \boldsymbol{v} \cdot \Delta f + \frac{q}{m} \left(\boldsymbol{E} + \frac{\boldsymbol{v}}{c} \times \boldsymbol{B} \right) \cdot \frac{\partial f}{\partial \boldsymbol{v}},$$

其中, q, m 分别是粒子的电荷数以及粒子的质量。如果存在碰撞, 则 $\frac{\mathrm{d}f}{\mathrm{d}t} = \left(\frac{\partial f}{\partial t} \right)_{\text{coll}}$。现在我们定义变量 $\overline{Q} = \int \mathrm{d}\boldsymbol{v} Q(\boldsymbol{v}) f(\boldsymbol{x}, \boldsymbol{v}, t)$。当 $Q(\boldsymbol{v})$ 取不同的形式时, $\overline{Q}$ 也对应着不同的量。当 $Q(\boldsymbol{v}) = 1$ 时, $\overline{Q}$ 对应于密度; $Q(\boldsymbol{v}) = \boldsymbol{v}$ 时, $\overline{Q}$ 对应于动量; $Q(\boldsymbol{v}) = \boldsymbol{v}^2$ 时, $\overline{Q}$ 对应于能量。通过对弗拉索夫方程求各阶矩方程, 并把这些方程与麦克斯韦方程耦合, 就可得到磁流体动力学方程组[6]:

$$\frac{\partial \rho}{\partial t} + \nabla \cdot (\rho \boldsymbol{v}) = 0, \tag{1.1}$$

$$\rho \left(\frac{\partial \boldsymbol{v}}{\partial t} + (\boldsymbol{v} \cdot \nabla) \boldsymbol{v} \right) = -\nabla p + \frac{\boldsymbol{J} \times \boldsymbol{B}}{c} + \boldsymbol{F}, \tag{1.2}$$

$$\rho \left(\frac{\partial e}{\partial t} + (\boldsymbol{v} \cdot \nabla) e \right) = -p \nabla \cdot \boldsymbol{v}, \tag{1.3}$$

$$\frac{\partial B}{\partial t} = \nabla \times (\boldsymbol{v} \times \boldsymbol{B}) + \nu_{\text{m}} \nabla^2 \boldsymbol{B}, \tag{1.4}$$

$$\nabla \cdot \boldsymbol{B} = 0, \tag{1.5}$$

其中, $\rho, \boldsymbol{v}, e$ 分别是质量密度、速度和内能密度; 磁扩散系数 $\nu_{\text{m}} = \frac{1}{4\pi c \mu \sigma}$, 这里, μ, σ 分别是磁导率和电导率; $\boldsymbol{F}$ 是对等离子动力学产生效应的其他外力。方程 (1.4) 右边两项特征值的比就是我们通常所说的磁雷诺数 Re_{m}。由量纲分析法, 可得 $Re_{\text{m}} = \frac{(VL)}{\nu_{\text{m}}}$, 其中, V, L 分别是导电流体运动速度的特征值以及所研究问题的特征长度。磁雷诺数 Re_{m} 的大小直接表征了决定导电流体中磁场变化的主要因素。当 $Re_{\text{m}} \gg 1$ 时, 冻结效应起主要作用, 磁力线随流体一起运动, 磁场的变化主要由导电流体的运动所决定；当 $Re_{\mathrm{m}} \ll 1$ 时，扩散效应起主要作用，磁场的变化主要是通过扩散而趋于衰减和均匀化，扩散的结果使导电流体中的磁场分布趋于均匀化，而总的磁场能量趋于减小，热能增加[7]。利用量纲分析法，也可估计出导电流体中磁场扩散的特征时间 $\tau_0 = \dfrac{L^2}{\nu_{\mathrm{m}}}$。

对于完全导电 $(\sigma \to \infty)$ 的理想流体，磁雷诺数 $Re_{\mathrm{m}} \to 1$。因此，此时感应方程为

$$\frac{\partial \boldsymbol{B}}{\partial t} = \nabla \times (\boldsymbol{v} \times \boldsymbol{B}).$$

我们知道，导电流体在磁场中的运动将引起感应电场 (由欧姆定律，$\boldsymbol{E} = \dfrac{\boldsymbol{j}}{\sigma} - \dfrac{\boldsymbol{v} \times \boldsymbol{B}}{c}$，其中，$\boldsymbol{j}$ 是电流密度)，从而产生感应电流 $\sigma(\boldsymbol{v} \times \boldsymbol{B})$，进而使导电流体的运动受到阻力 $F_s = \dfrac{[\sigma(\boldsymbol{v} \times \boldsymbol{B})]}{c} \times \boldsymbol{B}$，当电导率 σ 趋于 ∞，即导电流体相对于磁力线的运动受到极大的阻力时，就使得相对运动不可能，磁力线必须随流体一起运动。

通过对线性化小扰动方程组的分析，可得磁化等离子体中存在着的三种波动模式[8, 9]。对下面扰动传播的色散方程求解，即可得出这三种波动模式的传播速度：

$$\frac{\omega^2}{\kappa^2} = \frac{1}{2}\left[(c_{\mathrm{s}}^2 + v_{\mathrm{A}}^2) \pm \sqrt{(v_{\mathrm{A}}^2 - c_{\mathrm{s}}^2)^2 + 4c_{\mathrm{s}}^2 v_{\mathrm{A}}^2 \sin^2 \alpha} \right],$$

其中，α 是传播方向与磁场的夹角，即 $\alpha = (\boldsymbol{k}, \boldsymbol{B})$；$c_{\mathrm{s}}$ 是声速；$v_{\mathrm{A}} = \dfrac{B}{\sqrt{4\pi\rho}}$，即阿尔文速度。上式又可进一步写为

$$\frac{\omega^2}{\kappa^2} = \frac{v_{\mathrm{A}}^2}{2}\left[(1 + \beta) \pm \sqrt{(1 - \beta)^2 + 4\beta \sin^2 \alpha} \right], \tag{1.6}$$

其中，$\beta = \dfrac{8\pi p}{B^2}$，就是气压磁压比。

方程 (1.6) 描述了三种性质不同的波动模式，它们分别是阿尔文波

$\left(\dfrac{\omega}{\kappa} = v_{\mathrm{A}} = \dfrac{B}{\sqrt{4\pi\rho}}\right)$、快磁声波 (取正号时)、慢磁声波 (取负号时)。其中前者是横波,而后两者是纵波和横波的混杂波。下面就扰动传播方向与磁场方向之间的几种不同夹角,作进一步的讨论[7]。

(1) 当 $\alpha = 0$ 时,即扰动沿磁场传播,$\sin\alpha = 0$,则扰动传播的速度为 $\dfrac{\omega^2}{\kappa^2} = \dfrac{1}{2}[(c_{\mathrm{s}}^2 + v_{\mathrm{A}}^2)\pm \mid c_{\mathrm{s}}^2 - v_{\mathrm{A}}^2 \mid]$,此式表明沿磁场方向传播的快慢磁声波就是阿尔文波和声波。由于声波是纵波,它的速度扰动方向沿磁场方向。而阿尔文波是横波,它的速度扰动和磁场扰动的方向都是与磁场垂直的。因此,这两种波互相独立,互不影响地沿磁场传播。

(2) 当 $\alpha = \dfrac{\pi}{2}$ 时,即波动传播方向与磁场垂直,$\sin\alpha = 1$,则扰动传播的速度为 $\dfrac{\omega^2}{\kappa^2} = c_{\mathrm{s}}^2 + v_{\mathrm{A}}^2$,或者 $\dfrac{\omega^2}{\kappa^2} = 0$。前者所描述的就是磁声波的波动模式,对于此种波,速度扰动在波的传播方向,而磁场的扰动则在与传播方向垂直的方向上,所以它是一种纵波和横波的混杂波,而不是单一的纵波或横波。后者描述的是一种熵波,它表示扰动并不在导电流体中传播,实际上它不是波。

(3) 当 $0 < \alpha < \dfrac{\pi}{2}$ 时,即一般情况,传播方向既不在磁场方向上,也不在磁场的垂直方向上。这时,波动模式分为快磁声波和慢磁声波。

上面的讨论显示了可压磁流体中低频波动模式的多样性。其根本原因在于扰动传播可以依靠两种应力:热压力和磁应力。这两种作用力有时相互独立,如声波、阿尔文波,有时又相互耦合,如快慢磁声波。磁应力的作用又可分为磁张力和磁压力。其中与磁张力相关的磁力线的“刚性”将造成扰动,以斜阿尔文波 (包括阿尔文波) 的模式传播,这就是一种横波。由于它的传播仅仅是由于磁力线的振动 (即磁力线形状的变化),故不改变磁力线的密度 (即磁场强度的变化)。当 $\sigma \to \infty$ 时,与磁力线冻结的流体密度也不变。所以斜阿尔文波 (包括阿尔文波) 传播中不产生流体密度的扰动，这就是在不可压流体和可压流体中能传播斜阿尔文波 (包括阿尔文波) 的原因所在。流体的热压力和磁压力几乎总是相互耦合的。磁力线密度的变化与流体密度的变化同时出现，这种变化只能出现在可压流体中，所以只有在可压流体中才有声波和快慢磁声波等波动模式[7]。须指出，上述等离子体中各种波动模式，是当且仅当磁场存在的情况下给出的。在无磁场的等离子体中，除声波外，其他的波动模式全部消失，与一般流体一样。

　　在太阳爆发过程中，尤其是在日冕物质抛射 (coronal mass ejection, CME) 过程中，当物质向外抛射的速度超过当地的阿尔文速度时，会在物质的上部形成一个快模波，而伴随这一过程，也会形成其他的波动现象，我们会在以后的章节中具体描述。

第 2 章　ZEUS-2D 程序

ZEUS-2D 程序是专门针对模拟天体物理中动力学过程而研发的程序。这一程序是在 20 世纪 90 年代由 Stone 和 Norman 等[10-12] 开发出来的。现在可以在美国加利福尼亚大学的计算天体物理实验室 (Laboratory for Computational Astrophysics,University of California) 进行该程序包的下载 (https://www.astro.princeton.edu/~jstone/zeus.html)。目前这一程序广泛地应用于天体物理领域，包括流体动力学、磁流体动力学和辐射转移等方向的研究，并且可以根据自己所考虑的具体问题对程序进行修改，加入相关的影响因素。该程序算法的基本思想是用有限差分的方法来求解欧拉偏微分方程组。

2.1　基本求解方法

ZEUS-2D 根据算符分裂理论，分别把连续方程、动量方程和能量方程拆成两部分：一部分称作源项 (source 项)；而另一部分称作传输项 (transport 项)。因此，相应的计算也分成两个部分来完成。

算符分裂法就是把对偏微分方程组的求解分成几个部分来完成的，而每一个部分代表着方程组中相应的某一项，而每一部分可以通过采用上步更新的结果进行求解。例如，我们可以把动力学方程简单写成此形式：

$$\frac{\partial y}{\partial t} = \varphi(y),$$

其中，算子 $\varphi(y)$ 可以分裂成几部分，即 $\varphi(y) = \varphi_1(y) + \varphi_2(y) + \cdots$，而由算符分裂法，方程可以分成相应的几部分来完成：

$$\frac{y^1 - y^0}{\Delta t} = L_1(y^0),$$

$$\frac{y^2 - y^1}{\Delta t} = L_2(y^1),$$

$$\frac{y^3 - y^2}{\Delta t} = L_3(y^2),$$

$$\cdots$$

其中，L_i 是算子 φ_i 对应的有限差分形式。这种分步求解的方法比采用已有数据一步完成的方法要精确，更接近真实解，请参见文献 [13]~[15]。

2.2　网 格 划 分

ZEUS-2D 采用的是交错网格，如图 2.1 所示，图中有两套网格，分别是实网格 (a 网格) 和虚网格 (b 网格)，用 $(x1a(i), x2a(j))$ 来表示 a 网格，而 b 网格用 $(x1b(i), x2b(j))$ 来表示带心 (zone center)。图中的 $g2, g31, g32$ 在不同的坐标系下对应着不同的取值，在我们所使用的直角坐标系下，$g2 = 1, g31 = 1, g32 = 1$。其中，$\mathrm{d}x1a(i) = x1a(i + 1) - x1a(i), \mathrm{d}x1b(i) = x1b(i + 1) - x1b(i)$。在这样的交错网格下，标量位于带心处 (zone centered)，而矢量在带的侧面 (face-centered)，也就是标量在 b 网格上，矢量在 a 网格上，如图 2.2 所示。图 2.3 表示的是在 ZEUS-2D 中对计算区域的离散化，位于带心处的标量，如 $d_{i,j}, e_{i,j}$，在 $x1$ 方向的计算区域是从 ii 到 io，在 $x2$ 方向的计算区域是从 ji 到 jo；位于带一侧 —— $x1$ 方向的量，如 $v_{1,i,j}$，在 $x1$ 和 $x2$ 方向的计算区域分别是：从 $ii + 1$ 到 io，从 ji 到 jo；而位于带另一侧 —— $x2$ 方向的量，如 $v_{2,i,j}$，在 $x1$ 和 $x2$ 方向的计算区域分别是：从 ii 到 io，从 $ji + 1$ 到 jo。而在计算区域的四边多余出来的四列，就是 "ghost" 带，这个带用于求边界上的值，所以 "ghost" 上量的值是由相应的几何边界和物理边界来求的，而对偏微分方程组的数值求解不能用于 "ghost"。但是，在 ZEUS-2D 中，磁场的散度等于零是处处都成立的，包括在"ghost"上。

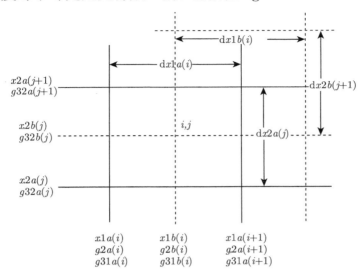

图 2.1　ZEUS-2D 中交错网格的定义[10]

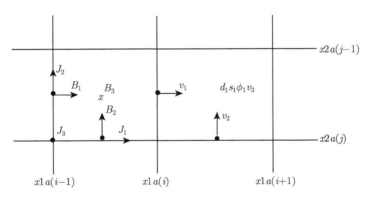

图 2.2　ZEUS-2D 中物理量在交错网格上的分布[10]

采用这种交错网格的优点：一是方便了采用中心差分法 (在源项求解过程中，用两侧的标量对其更新) 对矢量进行差分，而我们知道中心差分的精度高于向前或向后的差分精度；二是使用交错网格减少了在传输项求解过程中的内插数目。而这种网格带来的缺点是：由质量和速度得到的动量是平均动量，这样就对整体的精度有所影响。

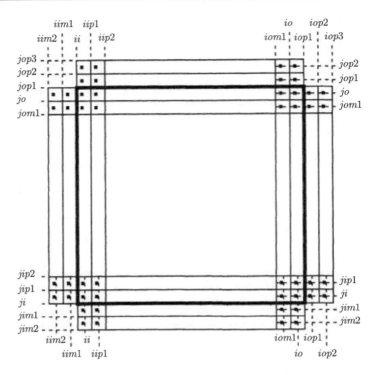

图 2.3   ZEUS-2D 中对计算区域进行离散化，用粗实线圈起来的部分就是计算区域[10]

2.3   具体数值算法

ZEUS-2D 中涉及的微分方程是

$$\frac{\mathrm{D}\rho}{\mathrm{D}t} + \rho\nabla\cdot\boldsymbol{v} = 0, \tag{2.1}$$

$$\rho\frac{\mathrm{D}\boldsymbol{v}}{\mathrm{D}t} = -\nabla p - \rho\nabla\nabla\phi + \frac{1}{c}\boldsymbol{J}\times\boldsymbol{B}, \tag{2.2}$$

$$\rho\frac{\mathrm{D}}{\mathrm{D}t}(e/\rho) = -p\nabla\cdot\boldsymbol{v}, \tag{2.3}$$

$$\frac{\partial B}{\partial t} = -c\nabla\times\boldsymbol{E}, \tag{2.4}$$

其中, $\rho, e, \boldsymbol{v}$ 分别是密度、内能密度和速度; $\boldsymbol{B}$ 是磁场; ϕ 是重力势; $\dfrac{\mathrm{D}}{\mathrm{D}t} \equiv \dfrac{\partial}{\partial t} + \boldsymbol{v} \cdot \nabla$。

由欧姆定律可得到

$$c\boldsymbol{E} = -\boldsymbol{v} \times \boldsymbol{B} + \frac{\boldsymbol{J}}{\sigma},$$

而

$$\frac{4\pi}{c} = \nabla \times \boldsymbol{B}. \tag{2.5}$$

方程 (2.1)~(2.4) 分别描述了质量守恒、动量守恒、能量守恒和磁通量守恒。如果简单用有限差分直接近似以上的微分方程, 由于截断误差, 会破坏微分方程所固有的守恒特性。为了避免出现虚假结果, 我们用有限差分法去近似由微分方程 (2.1)~(2.4) 推导出的积分方程。

以动量方程为例, 我们把方程的微分形式变换成积分形式:

$$
\begin{aligned}
&\rho \frac{\mathrm{D}\boldsymbol{v}}{\mathrm{D}t} \\
={}& \frac{\rho \boldsymbol{v}}{\mathrm{D}t} - \frac{\boldsymbol{v}(\mathrm{D}\rho)}{\mathrm{D}t} \\
={}& \frac{\mathrm{d}(\rho \boldsymbol{v})}{\mathrm{d}t} + (\boldsymbol{v} - \boldsymbol{v}_{\mathrm{g}}) \cdot \nabla(\rho \boldsymbol{v}) + \boldsymbol{v}(\rho \nabla \cdot (\boldsymbol{v} - \boldsymbol{v}_{\mathrm{g}})) \\
={}& \frac{\mathrm{d}(\rho \boldsymbol{v})}{\mathrm{d}t} + (\boldsymbol{v} - \boldsymbol{v}_{\mathrm{g}}) \cdot \nabla(\rho \boldsymbol{v}) + \nabla \cdot (\rho \boldsymbol{v}(\boldsymbol{v} - \boldsymbol{v}_{\mathrm{g}})) \\
={}& -\nabla p - \rho \nabla \phi + \frac{1}{c} \boldsymbol{J} \times \boldsymbol{B}.
\end{aligned}
$$

两边同时在 V 上求体积分可得

$$
\begin{aligned}
&\frac{\mathrm{d}}{\mathrm{d}t} \int_V (\rho \boldsymbol{v}) \mathrm{d}V + \int_V \nabla \cdot (\rho \boldsymbol{v}(\boldsymbol{v} - \boldsymbol{v}_{\mathrm{g}})) \mathrm{d}V \\
={}& -\int_V \left(\nabla p + \rho \nabla \phi - \frac{1}{c} \boldsymbol{J} \times \boldsymbol{B} \right) \mathrm{d}V.
\end{aligned}
$$

即

$$\frac{\mathrm{d}}{\mathrm{d}t} \int_V (\rho \boldsymbol{v}) \mathrm{d}V$$

$$= - \oint_S \rho \boldsymbol{v}(\boldsymbol{v} - \boldsymbol{v}_{\mathrm{g}}) \cdot \mathrm{d}\boldsymbol{S} - \int_V \left(\nabla p + \rho \nabla \phi - \frac{1}{c} \boldsymbol{J} \times \boldsymbol{B} \right) \mathrm{d}V. \quad (2.6)$$

同理，连续方程和能量方程的积分形式为

$$\frac{\mathrm{d}}{\mathrm{d}t} \int_V \rho \mathrm{d}V = - \oint_S \rho (\boldsymbol{v} - \boldsymbol{v}_{\mathrm{g}}) \cdot \mathrm{d}\boldsymbol{S}, \quad (2.7)$$

$$\frac{\mathrm{d}}{\mathrm{d}t} \int_V e \mathrm{d}V = - \oint_S e (\boldsymbol{v} - \boldsymbol{v}_{\mathrm{g}}) \cdot \mathrm{d}\boldsymbol{S} - \int_V p (\nabla \cdot \boldsymbol{v}) \mathrm{d}V. \quad (2.8)$$

其中，$\boldsymbol{v}_{\mathrm{g}}$ 是格点运动的速度[15]，而在本书中采用的是欧拉网格，所以 $v_{\mathrm{g}} = 0$。另外，$\dfrac{\mathrm{d}}{\mathrm{d}t} = \dfrac{\partial}{\partial t} + \boldsymbol{v}_{\mathrm{g}} \cdot \nabla$。

采用同样的方法我们对方程 (2.4) 沿着边界线 $C(t)$ 进行面积分可以得到

$$\frac{\mathrm{d}}{\mathrm{d}t} \int_S \boldsymbol{B} \cdot \mathrm{d}\boldsymbol{S} = \oint_C (\boldsymbol{v} - \boldsymbol{v}_{\mathrm{g}}) \times \boldsymbol{B} \cdot \mathrm{d}\boldsymbol{l}. \quad (2.9)$$

网格划分完毕后，把磁流体动力学中的物理量离散到格点上，然后用差分方程来近似微分方程，最后通过源项和传输项求出相应的物理量。

1. 源项

在源项中，通过压强、引力势和洛伦兹力来更新速度。由方程 (2.5)、方程 (2.6) 以及方程 (2.8)，我们可以得到源项中所要涉及的方程：

$$\rho \frac{\partial \boldsymbol{v}}{\partial t} = -\nabla \rho - \rho \nabla \phi - \nabla \cdot \boldsymbol{Q} - \nabla \left(\frac{B^2}{2} \right) + (\nabla \cdot \nabla) B,$$

$$\frac{\partial e}{\partial t} = -p \nabla \cdot \boldsymbol{v} - \boldsymbol{Q} : \nabla v,$$

其中，$\boldsymbol{Q}$ 是人工黏性张量，用来帮助控制由于使用差分格式而引入的人工耗散和人工色散。我们知道耗散性和色散性是差分格式的两个重要特性，尤其是对于双曲线方程来说。前者把应有的起伏平滑掉，后者则产生不应该有的起伏，如图 2.4 和图 2.5 所示。加大耗散性有利于保证差分格式的稳定性。然而，过强的耗散会使数值解过分平滑而抹去流场结构的细节。特别是对于激波一类强间断来说，如果数值耗散过程强，间断面会平滑、展宽而失去激波陡变的特征，如图 2.4 所示。因此，在设计差分格式时，应在保证格式稳定的前提下维持适度的耗散性，并尽量减弱和抑制格式的色散效应。而 ZEUS-2D 在动量方程与能量方程中加入人工黏性张量正是起到此作用[16]。把经过源项更新的速度加入到下一步的计算中。添加人工黏性对解的精度有多大的影响？这个问题没有确切的答案，这是算法设计中经验性的内容，也是令从事算法设计的

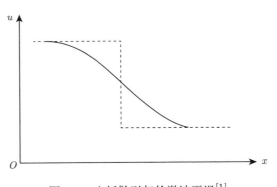

图 2.4 由耗散引起的激波平滑[1]

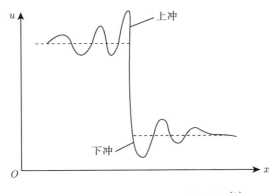

图 2.5 由色散引起的激波波头振荡[1]

人感到苦恼的问题。通常尝试使用不同大小的人工黏性，直到对所得到的解感到满意[17]。

2. 传输项

源项计算完毕之后，进入传输项的计算，也就是计算连续方程、动量方程、能量方程以及法拉第方程的传导部分。由方程 (2.6)∼(2.9)，我们可以得到传输项中所涉及的方程：

$$
\frac{\mathrm{d}}{\mathrm{d}t}\int_V \rho \mathrm{d}\boldsymbol{V} = -\oint_S \rho(\boldsymbol{v}-\boldsymbol{v}_{\mathrm{g}})\cdot\mathrm{d}\boldsymbol{S},
$$

$$
\frac{\mathrm{d}}{\mathrm{d}t}\int_V (\rho\boldsymbol{v})\mathrm{d}\boldsymbol{V} = -\oint_S \rho\boldsymbol{v}(\boldsymbol{v}-\boldsymbol{v}_{\mathrm{g}})\cdot\mathrm{d}\boldsymbol{S},
$$

$$
\frac{\mathrm{d}}{\mathrm{d}t}\int_V e\mathrm{d}\boldsymbol{V} = -\oint_S e(\boldsymbol{v}-\boldsymbol{v}_{\mathrm{g}})\cdot\mathrm{d}\boldsymbol{S},   \tag{2.10}
$$

$$
\frac{\mathrm{d}}{\mathrm{d}t}\int_S \boldsymbol{B}\cdot\mathrm{d}\boldsymbol{S} = \oint_{\partial S} (\boldsymbol{v}-\boldsymbol{v}_{\mathrm{g}})\times\boldsymbol{B}\cdot\mathrm{d}\boldsymbol{l},
$$

其中，$\dfrac{\mathrm{d}}{\mathrm{d}t}\equiv\dfrac{\partial}{\partial t}+\boldsymbol{v}_{\mathrm{g}}\cdot\nabla$。

这种形式方程的物理意义是：网格体积内物理量的变化率等于网格接触面积上对应物理量流的差。在本书中，因为采用的是二维网格，所以体积就退化为相应网格的面积，接触面积退化为对应的接触长度。

以连续性方程为例，我们用守恒形式来离散上面的方程。令 $D_{i,j}^1$ 表示 $x1$ 方向上的第 i 个格密度的入流，$D_{i+1,j}^1$ 表示密度的出流，则

$$
D_{i,j}^1 = d_{1,i,j}^* v_{1,i,j}\Delta x2,
$$

$$
D_{i+1,j}^1 = d_{1,i+1,j}^* v_{1,i+1,j}\Delta x2.
$$

$x1$ 方向的连续方程可离散为

$$
\frac{(d_{i,j}^{n+\frac{1}{2}}-d_{i,j}^n)(\Delta x2\Delta x1)}{\Delta t} = -(D_{i+1,j}^1-D_{i,j}^1).
$$

同理, $x2$ 方向的方程可以写为

$$\frac{(d_{i,j}^{n+1} - d_{i,j}^{n+\frac{1}{2}})(\Delta x2 \Delta x1)}{\Delta t} = -(D_{i+1,j}^2 - D_{i,j}^2).$$

$$D_{i,j}^2 = d_{2,i,j}^* v_{2,i,j} \Delta x1,$$

$$D_{i,j+1}^2 = d_{1,i+1,j}^* v_{2,i,j+1} \Delta x1.$$

先计算 $x1$ 方向的密度通量, 当完成所有网格计算后, 把所得到的密度分布作为老时刻的值代入 $x2$ 方向的方程中计算 $x2$ 方向的密度流, 最后得到新时刻的密度分布。

其中 $d_{i,j}^*$ 表示物理量的内插值。在 ZEUS-2D 中, 采用了三种内插法来求 $d_{i,j}^*$, 分别是一阶精度的 DC(donor cell) 法, 二阶精度的 VL(van Leer) 法和三阶精度的 PPA(piecewise parabolic advection) 法。DC 法精度低 (一阶), 而且具有强耗散的特性 (即平滑了过多的流场细节), 所以仅在 ZEUS-2D 中做实验时用过。VL 法提高了精度, 而且耗散比较小, 在 ZEUS-2D 中常用, 而我们也采用了此种方法, 这种方法由 van Leer 于 1977 年[18] 提出, 采用迎风内插法得到

$$d_{1,i,j}^* = d_{i-1} + (\Delta x1 - v_{1,i,j})\Delta t \frac{fd_{i-1}}{2} \cdots \quad (v_{1,i,j} > 0);$$

$$d_{1,i,j}^* = d_i - (\Delta x1 - v_{1,i,j})\Delta t \frac{fd_i}{2} \cdots \quad (v_{1,i,j} < 0).$$

$$fd_i = \frac{2\Delta d_{i-\frac{1}{2}} \Delta d_{i+\frac{1}{2}}}{\Delta d_{i-\frac{1}{2}} + \Delta d_{i+\frac{1}{2}}} \cdots \quad (\Delta d_{i-\frac{1}{2}} \Delta d_{i+\frac{1}{2}} > 0);$$

$$fd_i = 0 \cdots \quad (\Delta d_{i-\frac{1}{2}} \Delta d_{i+\frac{1}{2}} \leqslant 0).$$

其中, $\Delta d_{i+\frac{1}{2}} = \frac{d_{i+1} - d_i}{\Delta x1}$。同样的办法可得出 $d_{2,i,j}^*$。

同理, 可以得到两个方向的动量通量和能量通量, 但磁通量 (即方程 (2.9)) 不同, 下面我们会对其作专门描述。

　　与流体动力学 (HD) 方程相比，磁流体动力学方程有两大难题需要克服。第一，在麦克斯韦方程中要保持 $\nabla \cdot \boldsymbol{B} = 0$ 处处成立。否则，随着计算的进行，离散误差不断增加，与基本物理方程限制条件不符，最终导致计算终止。在 ZEUS-2D 中采用 Evans 和 Hawley[19] 提出的传输限制 (constrained transport, CT) 法来解决。Evans 和 Hawley 发现：如果先把电动力 (the electromotive force, EMF) $\boldsymbol{\varepsilon} = (\boldsymbol{v} - \boldsymbol{v}_{\mathrm{g}}) \times \boldsymbol{B}$ 在整个网格上确定下来，然后用它去更新此计算步中的磁场分量，就能保证积分形式的磁感应方程 (2.10) 中的磁通量守恒。也就是说，如果磁场在初始时是满足 $\nabla \cdot \boldsymbol{B} = 0$ 的，那么在此后的计算过程中此条件也是满足的。

　　方程 (2.10) 可以变换为

$$\frac{\mathrm{d}\phi_m}{\mathrm{d}t} = \frac{\mathrm{d}}{\mathrm{d}t} \int_S \boldsymbol{B} \cdot \boldsymbol{n} \cdot \mathrm{d}\boldsymbol{S} = \int_l \boldsymbol{\varepsilon} \cdot \mathrm{d}\boldsymbol{l},$$

其中，ϕ_m 是磁通量；$\boldsymbol{\varepsilon}$ 是电动力 (即驱动磁场的演化)。

　　从图 2.2 可以看出，ϕ_1 与 ϕ_2 分别是两个分方向 ($x1$ 方向和 $x2$ 方向) 接触面积的磁通量，$\varepsilon_1, \varepsilon_2, \varepsilon_3$ 是以边缘为中心 (edge-centered) 的电动力。由欧拉有限差分的第一型曲线积分，方程 (2.10) 可近似等于

$$\frac{\phi_{1,i,j}^{n+1} - \phi_{1,i,j}^n}{\Delta t} = -\varepsilon_{2,i,j}^n \Delta x2 - \varepsilon_{3,i,j}^n \Delta x3 + \varepsilon_{2,i,j}^n \Delta x2 + \varepsilon_{3,i,j+1}^n \Delta x3,$$

$$\frac{\phi_{2,i,j}^{n+1} - \phi_{2,i,j}^n}{\Delta t} = -\varepsilon_{1,i,j}^n \Delta x1 - \varepsilon_{3,i,j}^n \Delta x3 + \varepsilon_{1,i,j}^n \Delta x1 + \varepsilon_{3,i,j+1}^n \Delta x3.$$

进一步化简得

$$\frac{\phi_{1,i,j}^{n+1} - \phi_{1,i,j}^n}{\Delta t} = (\varepsilon_{3,i,j+1}^n - \varepsilon_{3,i,j}^n)\Delta x3, \qquad (2.11)$$

$$\frac{\phi_{2,i,j}^{n+1} - \phi_{2,i,j}^n}{\Delta t} = -(\varepsilon_{3,i,j+1}^n - \varepsilon_{3,i,j}^n)\Delta x3. \qquad (2.12)$$

把方程 (2.11) 和方程 (2.12) 加在一起，可得到经过接触面的总磁通量。由方程 (2.11) 和方程 (2.12) 我们可看出，穿过整个积分面元的磁通量为

零。也就是，如果在起始时刻满足 $\nabla \cdot \boldsymbol{B} = 0$，那么在其他任何时刻也满足此条件，即

$$\mathrm{d}(\nabla \cdot \boldsymbol{B})/\mathrm{d}t = 0.$$

CT 法与传统的演化磁矢势法 ($\boldsymbol{B} = \nabla \times \boldsymbol{A}$，即通过磁矢势 $\boldsymbol{A}$ 的演化来确定 $\boldsymbol{B}$ 的演化) 相比，优点有二：一是不需要进行二次派生 (由 $\boldsymbol{A}$ 得 $\boldsymbol{B}$，然后由 $\boldsymbol{B}$ 再求洛伦兹力 $(\nabla \times \boldsymbol{B}) \times \boldsymbol{B}$) 计算；二是不会在发生陡变 (如激波、不连续处) 的地方产生虚假电流。

3. 特征值和传输限制技术

通过以上讨论，我们知道用 CT 法通过 ε 可以解决 $\nabla \cdot \boldsymbol{B} = 0$ 这一问题。那么如何求解 ε 呢？这就引入了求解磁流体动力学方程组的第二个难题 —— 阿尔文波的耗散问题。因为 ε 的具体求解关系着磁流体动力学波的稳定性和精确性。在磁流体动力学中，存在着两种类型的波动：一是纵波，二是横波 (阿尔文波)。在理想磁流体动力学过程中，阿尔文波在电流片处，显示了不连续性。阿尔文波并不像流体动力学中的波，阿尔文波的结构是不耗散的，这样我们就不能用耗散的数值算法来处理。另外，在演化过程中，阿尔文波紧密地与密度和磁场耦合在一起。这就意味着，单一的算符分裂法在此不适用。以上两点决定着我们必须寻找一种新的算法，这种算法既可以解决磁流体动力学波带来的稳定性问题，又可与CT 法相结合来解决 $\nabla \cdot \boldsymbol{B} = 0$ 这一问题。在 ZEUS-2D 程序中，这种新算法就是特征值和传输限制法 —— MOC(method of characteristics)-CT技术[20]。下面就描述这一算法。

洛伦兹力可写成

$$(\nabla \times \boldsymbol{B}) \times \boldsymbol{B} = -\nabla \left(\frac{B^2}{8\pi} \right) + \boldsymbol{B} \nabla \cdot \boldsymbol{B}.$$

忽略其他力，第 i 个速度分量可写成以下形式：

$$\rho \frac{\partial v_i}{\partial t} = -\nabla_i \left(\frac{B^2}{8\pi} \right) + \frac{1}{4\pi} (\boldsymbol{B} \cdot \nabla) B_i. \tag{2.13}$$

同样，在磁感应方程中，第 i 个磁场分量的微分形式为

$$\frac{\partial B_i}{\partial t} = (\boldsymbol{B} \cdot \nabla) v_i - \nabla \cdot (B_i \boldsymbol{v}). \tag{2.14}$$

在一维问题中，方程 (2.13) 和方程 (2.14) 可简化为

$$\frac{\partial v}{\partial t} = \frac{B_x}{\rho} \frac{\partial B}{\partial x} - \frac{\partial}{\partial x} (v_x v), \tag{2.15}$$

$$\frac{\partial B}{\partial t} = B_x \frac{\partial v}{\partial x} - \frac{\partial}{\partial x} (v_x B). \tag{2.16}$$

因为 $\nabla \cdot \boldsymbol{B} = 0$，那么在一维问题中，我们有 $(\partial B_x)/(\partial x) \equiv 0$，同时又由阿尔文波的不可压缩的性质可得 $(\partial v_x)/(\partial x) \equiv 0$。在方程 (2.16) 的两边同时乘以 $\rho^{-1/2}$，方程 (2.15) 与方程 (2.16) 分别相加和相减可得

$$\frac{\mathrm{D} v}{\mathrm{D} t} \mp \frac{1}{\rho^{1/2}} \frac{\mathrm{D} B}{\mathrm{D} t} = 0, \tag{2.17}$$

其中，减号代表特征方程沿着前向特征曲线 C^+；加号代表特征方程沿着后向特征曲线 C^-，如图 2.6 所示。在方程 (2.17) 中，$\dfrac{\mathrm{D}}{\mathrm{D}t} = \dfrac{\partial}{\partial t} + \left(v_x \mp \dfrac{B_x}{\rho^{1/2}} \right) \dfrac{\partial}{\partial x}$，其中，加号代表沿着 C^+，而减号代表沿着 C^-。

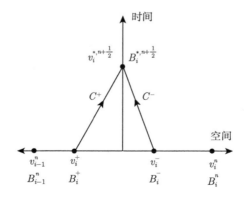

图 2.6　在一维情况下，ZEUS-2D 中的 C^+, C^- 位置图像[11]

可以看出，$v_x \mp \dfrac{B_x}{\rho^{1/2}}$ 刚好是在流动的流体中的阿尔文速度 $v_x \pm v_{\mathrm{A}}$。方程 (2.17) 表示的物理意义就是：沿着特征线，速度与磁场在每个方向的变化不是独立的，而是密切相关的。

用有限差分方程沿 C^+ 与 C^- 来求解方程 (2.17)：

$$\left(v_i^{*,n+\frac{1}{2}} - v_i^{+,n}\right) + \frac{B_i^{*,n+\frac{1}{2}} - B_i^{+,n}}{\left(\rho_i^+\right)^{\frac{1}{2}}} = 0,$$

$$\left(v_i^{*,n+\frac{1}{2}} - v_i^{-,n}\right) + \frac{B_i^{*,n+\frac{1}{2}} - B_i^{-,n}}{\left(\rho_i^-\right)^{\frac{1}{2}}} = 0,$$

我们令 $\rho_i^+ = \rho_{i-1}^n, \rho_i^- = \rho_i^n$。通过求解以上两个线性方程，我们可得出 $v_i^{*,n+\frac{1}{2}}$ 与 $B_i^{*,n+\frac{1}{2}}$。把所求得的值代入下面的方程中：

$$\varepsilon_{3,i,j}^{n+\frac{1}{2}} = v_{1,i,j}^{*,n+\frac{1}{2}} B_{2,i,j}^{*,n+\frac{1}{2}} - v_{2,i,j}^{*,n+\frac{1}{2}} B_{1,i,j}^{*,n+\frac{1}{2}},$$

就可算出在 CT 法中所需要的 ε 值了。

在二维情况下，我们分方向来解决特征方程。

首先在第一个方向里，有

$$\frac{\mathrm{D}v_1}{\mathrm{D}t} \pm \frac{1}{\rho^{1/2}} \frac{\mathrm{D}B_1}{\mathrm{D}t} = 0,$$

其中，$\dfrac{\mathrm{D}}{\mathrm{D}t} = \dfrac{\partial}{\partial t} + \dfrac{v_2 \mp \dfrac{B_2}{\rho^{1/2}}}{\partial x2}$；

然后在第二个方向里，有

$$\frac{\mathrm{D}v_2}{\mathrm{D}t} \pm \frac{1}{\rho^{1/2}} \frac{\mathrm{D}B_2}{\mathrm{D}t} = 0,$$

其中，$\dfrac{\mathrm{D}}{\mathrm{D}t} = \dfrac{\partial}{\partial t} + \dfrac{v_1 \mp \dfrac{B_1}{\rho^{1/2}}}{\partial x1}$。

采用与一维相同的有限差分法，可分别求得 $v_{1,i,j}^{*,n+\frac{1}{2}}, B_{1,i,j}^{*,n+\frac{1}{2}}$ 与 $v_{2,i,j}^{*,n+\frac{1}{2}}, B_{2,i,j}^{*,n+\frac{1}{2}}$，进一步就可以求出 $\varepsilon_{3,i,j}^{n+\frac{1}{2}}$。

2.4　算法的稳定性和精确性

由于 ZEUS-2D 采用的是显式差分，所以每步计算的步长都受到 CFL (Courant-Friendrich-Lewy, 1948) 条件的限制：$\Delta t \leqslant \dfrac{\min(\Delta x)}{|v| + C_f}$，其中，$v$ 为流体速度；$C_f = \sqrt{v_A^2 + C_s^2}$ (即快磁声波波速)；Δt 是时间步长，Δx 是空间步长。CFL 条件的物理意义是：差分方程的依赖区域必须包含微分方程的依赖区域，如图 2.7 所示。

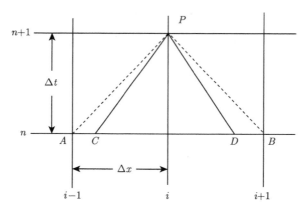

图 2.7　CFL 条件图例[1]

所谓依赖区域即特征线所围的区域。图 2.7 中实线为微分方程特征线 $\left| \dfrac{\mathrm{d}x}{\mathrm{d}t} \right| = |a|$，虚线为差分方程特征线 $\left| \dfrac{\Delta x}{\Delta t} \right| = |a'| \geqslant |a|$。这样，$PCD$ 为 P 点的微分方程依赖区域，PAB 为 P 点的差分方程依赖区域，为保证格式稳定，PAB 必须包含 PCD。

因此在 ZEUS-2D 程序中，把积分的时间步长定为

$$\Delta t = \frac{C_0}{\sqrt{\max(\delta t_1^{-2} + \delta t_2^{-2} + \delta t_3^{-2} + \delta t_4^{-2})}},$$

C_0 是库朗数 (Courant number)，一般 $C_0 \approx 0.5$。

$$\delta t_1 = \frac{\min(\Delta x1, \Delta x2)}{C_f},$$

$$\delta t_2 = \frac{\Delta x1}{v_1 - v_{g_1}},$$

$$\delta t_3 = \frac{\Delta x2}{v_2 - v_{g_2}},$$

以上表示的是 CFL 条件。由于考虑了黏性, 因此还要加入黏性引起的时间步长限制, 而在一维情况下:

$$\Delta t \leqslant (\Delta x)^2 / 4\nu,$$

其中, $\nu = l^2 \nabla \cdot \boldsymbol{v}$; 而 $C_2 = l/\Delta x$。于是在二维情况下, 有

$$\delta t_4 = \min \left(\frac{(\Delta x1)^2}{4l^2(\Delta v_1/\Delta x1)}, \frac{(\Delta x2)^2}{4l^2(\Delta v_2/\Delta x2)} \right)$$
$$= \min \left(\frac{\Delta x1}{4C_2\Delta v_1}, \frac{\Delta x2}{4C_2\Delta v_2} \right),$$

其中, C_2 是无量纲人工黏性系数, 一般取 $C_2 \approx 3$。因为随着演化, 特征速度在不断地改变, 这样时间步长也必须随着改变。在 ZEUS-2D 中, 为了保持结果的准确性与稳定性, 时间步长被限定至多只能以 30% 增加。

第3章　光球背景以及色球背景简介

太阳光球层位于太阳大气的最底层，是我们能够利用遥感手段直接观测到的太阳最深的一层结构。它的厚度大约为 500 km。根据太阳大气的标准模型，其底部被定义在 $\tau_{5000} = 1$ 的位置上。这里 τ_{5000} 是指太阳大气在 5000 Å 波段上的光学厚度。光球层既不是均匀发光的，也不是不变的。在对流作用和磁浮现等共同作用下，光球层中呈现出如亮点、米粒、磁孔、超米粒、黑子等不同尺度的特征。

我们先简单介绍一下米粒和超米粒。米粒组织覆盖了整个光球层。利用大口径光学望远镜观测光球时，我们可以观测到不规则形状的米粒。这些米粒出现在对流元胞的顶部，并以湍流形式不断地形成和消失。米粒元胞因为温度较高而呈现出很亮的结构。米粒元胞中热等离子体水平向外对流运动并在米粒元胞边界处回落到亚光球层中。等离子体冷却并回落的地方称为米粒通道。米粒的平均等效直径为 1 Mm (10^6 m)。不过，米粒的直径变化范围为 0.3~2 Mm。一个米粒元胞从亚光球上升到光球层直至最后消失，构成了对流过程的一次循环。整个过程所需的时间约为 20 min。这个米粒从出现在光球层表面而被观测到，到最后消失的时间不会长于对流过程一次循环所需要的时间。这段时间被定义为米粒的寿命。一般来说米粒的寿命范围为 1~20 min。寿命越长的米粒往往尺度越大且水平运动的速度越小。一部分米粒在磁场汇聚的区域比较亮，临近日面边缘比较暗弱。然而，磁场越强的地方，对流越弱。

同样是对流元胞的超米粒则比普通米粒元胞大很多倍。超米粒首先由 Hart[21] 发现并被 Leighton 等[22] 利用太阳的第一幅多普勒图像深入研究。超米粒的平均直径为 30 Mm，大小范围为 20~70 Mm[23]。超米粒并不是与米粒组织无关的另外的结构特征，它们只是针对同一个高度上不同尺度的对流运动而命名的。一个超米粒元胞中包括很多小的米粒元胞，在超米粒尺度上的对流相较米粒组织就慢多了。在超米粒元胞中心处的等离子体以 30 m·s^{-1} 的速度向上升，并以 350 m·s^{-1} 的速度水平移动到元胞边界处[24, 25]。这些元胞的形状是不规则的。它们常常持续存在 1~2 天，且平均寿命为 1.6 天。一些超米粒出现在已存在的元胞上，另外一些则是由已存在的超米粒分裂、融合形成的。科里奥利力使这些元胞呈现出反气旋结构，纵向涡旋在北半球为负，南半球为正。元胞中心温度稍微高出边界 1~2 K。

超米粒元胞边界形成的轮廓称为网络。网络出现的地方是强磁场汇聚的区域。超米粒元胞内部的区域称为网络内区域。光球磁场在光球上无处不在，并且大小不一。磁场强度从几十高斯 (Gs, 1 Gs = 10^{-4} T) 到上千高斯[26]。千高斯量级的磁场在光球层占太阳表面的 5% 并且位于网络中，它们往往竖直向上并延伸至色球和日冕当中[27]。网络内磁场相对要弱些。它们往往拥有 100~300 Gs 的量级[28, 29]。目前光球层分布的强磁场与弱磁场分别占有多少比例仍不清楚。不过光球层大部分磁场是弱磁场[30]。

目前能够观测到的磁通量管的最小单元是一些小的磁元和磁场较强 (千高斯) 的小尺度区域，即直径约为 100 km 的磁通量管[26, 31]。光球上 100 km 的尺度已是当前大口径望远镜 (如 Goode Solar Telescope (GST), New Vacuum Solar Telescope (NVST), Swedish 1m Solar Telescope (SST), Sunrise, GREGORE) 的衍射极限。磁通量管中的磁场强度随着高度的增加而降低。例如，磁通量管在光球层底部有 1500~1700 Gs，到了光球层中部下降到 1000~1200 Gs，到了温度极小区时则下降至 200~500 Gs。磁通量管上升到色球至日冕层则因为其中磁场的发散并与周围其他磁场作用、相连而形成环状结构，被称为磁环或冕环。随着高度的升高以及气体压强的降低，磁环中的磁场强度不断地降低。

为了描述磁场本身与等离子体对磁场结构演化的重要性，我们定义一个参数 β，它是气体压力与磁压力之比。在光球层中，$\beta \gg 1$，磁场被等离子体束缚并随着等离子体的运动而运动，这时磁场强度达千高斯量级，而在色球和日冕层中，$\beta \ll 1$，等离子体被束缚在磁场周围，其运动受到磁场抑制。

3.1　光球磁通量管

磁通量管是磁场高度汇聚的结果，它往往分布在网络区域。那些出现在光球层，由高度密集的磁力线组成的管状的或者圆柱形的磁汇聚被称为磁通量管或者磁流管。它们往往有上千高斯的磁场强度。在光球层的超米粒元胞的边界交汇处，往往汇聚了大量的千高斯磁场强度的磁流管。而在超米粒元胞内，那些米粒元胞边界处也汇聚着上百高斯强度的磁通量管。那么，这些上百乃至上千高斯磁场强度的磁通量管是如何形成的呢？它们又具有什么样的物理特征呢？它们在太阳物理中扮演着什么样的角色呢？在本节中我们详细讨论光球层磁通量管的形成过程及其物理特征。

在光球层中对流作用下，小的磁元与光球底部热的等离子体一起浮现出来。在光球层气压远大于这些小磁元的磁压，因此这些小磁元的运动被冻结在它上面的等离子体的运动所主导着。在对流作用下，当这些等离子体到达米粒元胞顶部时开始冷却，并被底部重新浮现出来的热等离子体推挤到米粒元胞边界处。这些小磁元也随之发生横向水平运动而移动到米粒通道里。当越来越多的小磁元被推挤到米粒通道中时，它们就堆积在一起形成磁汇聚。这种磁浮现的形式往往发生在比较宁静的区域。而在活动区，除了这些小的磁元浮现之外，还有一些较大尺度的磁场不断地浮现出来。这些大尺度的磁浮现后来被证明与高层大气的爆发现象密切相关。在平衡情况下，磁汇聚内部的气压与磁汇聚本身的磁压之和等于其外界的气压。磁汇聚内部的气压就明显地小于其外部的气压从而形成浮力。磁汇聚受到的浮力使其在光球层保持竖直向上的状态。这个磁汇聚在面积上比磁元大，但是磁场强度并没有因此而增强。

正如我们前面提到的，对流作用成功地将磁元从对流层浮现到光球层并将其汇聚到一起形成磁汇聚。但是磁汇聚本身并不能直接达到千高斯的磁场强度。能够使磁汇聚达到千高斯的磁场强度的状态是在对流坍缩的过程中形成的。

当这些磁汇聚只是简单地堆积在一起时，它们的磁场强度却是比较低的。因而，这些磁汇聚就处于一种动态的平衡状态中。这种平衡状态很容易被对流运动产生的扰动破坏掉[32]。假设这些磁汇聚处于绝热状态下，Spruit 和 Zweibel[32] 的理论模型认为，当磁汇聚的磁场强度低于一个阈值时，这些磁汇聚就处于动态平衡并且很容易因为其周围环境的扰动而变得不稳定。当磁汇聚的不稳定性被激发后，其内部的气体就因为重力原因而下落造成原来的平衡状态被进一步破坏。首先等离子体的下落导致了磁汇聚内部气压 P_g 下降。这样，外界的气压 P_0 就大于磁汇聚的磁压 P_B 和其内部气压 P_g 的总和，而将磁汇聚挤压成一个更细的、磁场强度更强的磁汇聚，从而达到一个新的平衡。这个新的、更细的、磁场强度更强的磁汇聚被我们称为磁通量管。在磁通量管形成的过程中，冷的等离子体团仍然向下落直至亚光球层。这样，磁通量管足点处原本光学厚的气体就有机会透过密度小且温度低的等离子体团。亚光球层的热光子就通过磁通量管底部的足点辐射出来而将足点的形状示踪出来。这个过程就是对流坍缩的过程 (图 3.1)。对流坍缩的结果使原来磁汇聚的磁场强度变得更强，这个过程中形成的磁通量管也变得更细了。磁通量管足点则被辐射出来的热光子示踪出来而形成光球亮点，光球亮点是我们主要感兴趣的研究对象之一。

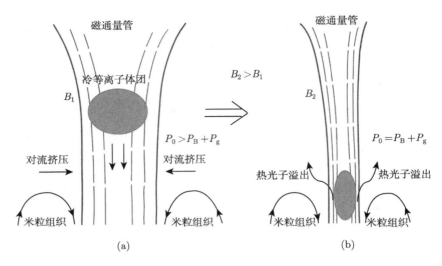

图 3.1　对流坍缩模型示意图

(a) 为平衡态被破坏的对流坍缩刚开始的磁通量管；(b) 为对流坍缩结束，新的平衡形成后的磁通量管

　　从另外一个角度认识亮点的形成过程，就是热墙模型。磁元在米粒组织的不断推挤下汇聚到米粒通道里，形成强磁场。由于磁场浮力作用，磁场强度有着千高斯量级的磁场竖立在光球层中形成磁通量管。理想状态下，磁通量管为一个竖直的圆柱形细管。当用一些分子线 (CH 分子线 (4300 Å) 和 CN 分子线 (3880 Å) 以及其他可见光谱线 (3500∼7000 Å)) 观测光球时，在强磁场聚集的地方，这些吸收线的吸收变弱，从而强磁场处有较强的亮度对比度，也就是所谓的热墙模型[33-37]。

　　目前望远镜能够观测到的最小磁结构大小在 100 km 左右。而理论上磁元最小尺度为 10 km。气体在 1 Mm 尺度上的水平流动速度为 1 km·s^{-1}，则气体停滞 (stagnation flow) 所形成的磁通量与扩散 (diffusion) 平衡时所需要的最小尺度为 10 km。小于这个尺度，则扩散占主导地位，磁元并不能形成稳定的结构，大于这个尺度，则可以形成稳定的结构。如果等离子体水平流动速度再大些，或者流体运动的水平尺度小一些，那么形成最小磁流管的尺度还可以再小一些。

3.1.1 太阳光球亮点和光斑的区别

图 3.2 是一幅日面中心的光球活动区 G 带图像。图中有黑子和一个小磁孔以及它们附近围绕的很多颗粒状的米粒，在这些米粒组织间隙中呈现出或圆点或细线式的亮结构，这些亮结构就是我们感兴趣的光球亮点。图 3.3 则是一幅日面边缘的 G 带光球图像。图中有两个很明显的磁孔，在这些磁孔附近有很多米粒。因为这里是日面边缘，我们看米粒

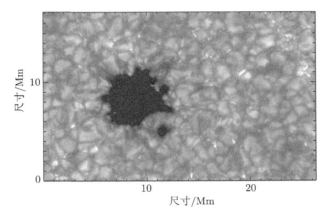

图 3.2 日面中心的光球活动区 G 带图像[38]

图中亮的点为光球亮点

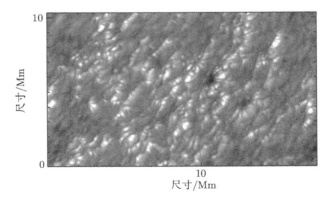

图 3.3 日面边缘的 G 带光球图像[38]

图中亮的斑点为光斑

和磁孔的角度不再是自上而下，而是从侧面来看。因此，我们可以较好地观测到米粒组织的侧面"墙壁"。图 3.3 中我们几乎看不到米粒间隙的米粒通道，因而，在这幅图中也没有发现光球亮点。不同的是，我们仍然可以在米粒组织的侧面"墙壁"上看到很多片状的亮结构，这些亮结构被称为亮墙或者光斑。

这些日面边缘观测到的亮的光斑和日面中心观测到的亮点是否是同一个结构的不同观测角度呢？它们有哪些相同之处和不同之处呢？在深入研究光球亮点之前，我们很有必要将这些问题了解清楚。

首先，从直观角度上来看，光球亮点出现在米粒间隙里，而光斑出现在米粒侧面的"墙壁"上。光球亮点在日面中心更容易被观测到，而光斑则在日面边缘更容易被观测到。其共同特征是它们都是发亮的结构。

Berger 等[38] 对光球亮点和光斑的特征进行了详细的研究。他们利用 SST 的长达 3 年的数据对光球亮点和光斑进行了分析。首先将这些数据分为两套，其中一套是日面中心数据，另外一套是日面边缘数据。这两套数据的光学观测波段分别有 G 带和连续波段 (4364 Å)。同时，他们又结合了偏振观测 (Fe I 6302.5 Å)。他们发现，当磁场增强时，光球亮点的亮度不变或者稍微降低，而光斑则随着磁场强度增强而增加；光斑在尺度上比光球亮点大，光斑平均直径约为 400 km，远远大于光球亮点的等效直径。

Berger 等[38] 认为光球亮点和光斑是从不同角度透过磁通量管的热辐射，光斑是来自米粒中的热光子透过的磁通量管的辐射。因而，这也是为什么我们只能从日面边缘看到光斑。在日面中心，当一些磁通量管发生倾斜时，我们也能够观测到光斑，而光球亮点则是从光球底部透过磁通量管在光球层足点向外辐射的光子。

因此，我们观测到的光球亮点的位置可以直接示踪光球磁通量管足点的位置，而光斑则不能。

3.1.2 光球亮点的研究现状

随着科技的进步，越来越多的大口径地面高分辨光学望远镜和太空望远镜相继被研发和制造出来，因此更多的小尺度特征被观测到。比如，在用 G 带 (4300 Å)、连续谱波段 (3880 Å) 和 TiO 波段 (7058 Å) 观测日面中心时，我们可以在狭窄细长的米粒通道中清晰地观测到亮度对比度较大的光球亮点。光球亮点在 1973 年被 Dunn 和 Zirker[39] 首先发现。他们用位于 Sacramento Peak 的太阳真空望远镜 (Solar Vacuum Telescope, SVT) 的 Ca 6439 Å 处的红移 +2 Å, ±7/8 Å, ±5/8 Å, 连续谱等多波段观测，发现在米粒边界处有亮的细线状的结构，这些结构的磁场强度很强，但是没有磁孔的强。他们认为这些细线状结构的发生跟磁场的不稳定性有关。事实上，他们观测到的这些细线状结构就是我们所说的光球亮点。只是由于望远镜分辨率的原因，他们观测到的是一些在米粒边界处连接在一起的细线结构。而现在随着望远镜的口径增大，望远镜的衍射极限不断变小，能够观测到这些细线更清晰的结构。我们发现，这些细线结构并不是一个整体结构，而是由很多小亮点组成的。

随后，光球亮点引起了大家的广泛兴趣。在过去的十年中，人们对于光球亮点做了很多的工作，同时也涌现了较多的文章。光球亮点最基本的特征，如寿命、大小、亮度、演化、扩散，以及是否与磁场有关等都被不同程度地进行了广泛的研究。对于光球亮点的寿命和大小等基本特征，使用不同的观测资料、在不同的研究区域、采用不同的识别方法，所获得的结论也往往不同。

Berger 和 Title[40] 利用了 Swedish Vacuum Solar Telescope (SVST) 在 G 带 (4305 Å) 波段的观测数据对活动区的光球亮点进行了研究。他们通过研究光球亮点来跟踪和研究小尺度磁场，发现光球亮点的寿命在 6~8 min。Almeida 等[41] 研究了 SST 宁静区在 G 带波段的数据。他们手动识别了这些亮点并发现大部分的亮点寿命短于 10 min，个别的亮点寿命长于 30 min。不过他们认为寿命的统计有一定程度的偏差。他们使用数据的时间分辨率为 50 s。他们认为在这 50 s 的时间间隔中或许会有旧的亮点消失、新的亮点出现的情况，这导致了由于时间分辨率而产生的亮点寿命的误判。de Wijn 等[42] 利用 Dutch Open Telescope (DOT) 通过 G 带和 Ca II H 波段同时研究了光球亮点和色球亮点。他们发现光球亮点的寿命为 3.5 min，而色球亮点平均寿命为 4.3 min。Möstl 等[43] 对 SST 观测的 G 带数据进行了分析，他们发现光球亮点的寿命为 (4.4 ± 2.4) min，而 de Wijn 等[44] 则发现光球亮点的平均寿命为 10 min。Utz 等[45] 利用 Hinode/SOT 望远镜对日面中心宁静区的光球亮点的寿命和水平运动特征进行了研究，发现光球亮点的寿命为 (2.5 ± 0.05) min。

可以看到，不同的数据、不同的识别和跟踪算法所得到的亮点的寿命各不相同。我们在这里分析一下影响寿命统计结果的几个主要原因。首先是识别和跟踪方法，通常，通过算法得到的亮点寿命比用眼睛跟踪得到的寿命要短。主要原因在于，当一些亮点变暗时，手动跟踪可以较好地继续跟踪它们，直到它们真正消失，而通过程序跟踪时这些暗弱的亮点就很容易被跟踪丢。这或许是自动跟踪算法获得的寿命短的主要原因。其次，判断相邻两帧图像上的两个亮点是不同观测时间出现的同一个亮点的方法，对于确定亮点的寿命也非常重要。当我们用眼睛识别时，会通过眼睛观察相邻两帧图像上出现的两个亮点的位置、亮度、大小以及其周围环境等特征来判定这两个亮点是否是同一个亮点。然而算法跟踪目前就只能通过位置特征来跟踪。因此，这也是就目前而言自动算法不如手动跟踪准确率高的一个很重要的原因。最后，数据的分辨率也是一个很重要的原因。如果一套数据的时间分辨率非常低，那么两帧时间序列上的图像之间的时间间隔会非常大。这样，在识别和跟踪亮点时，判断相邻两帧图像上相同位置的两个亮点是否是一个亮点的准确率就大大下降。因而时间分辨率越低的数据，得到的寿命的误差就会越大。

除了光球亮点的寿命，它们的水平运动速度也得到了广泛的研究。de Wijn 等[44] 发现，光球亮点的水平运动在 x 和 y 方向分别服从高斯分布，且平均运动速度为 (1.57 ± 0.08) km·s^{-1}，这与 Utz 等[45,46] 的结果相同。Utz 等[45] 也发现光球亮点的速度在 x 和 y 方向分别服从高斯分布，光球亮点在 x 和在 y 方向的运动速度互不相关，并且光球亮点的整体水平运动服从瑞利分布，其平均运动速度为 $1\sim2$ km·s^{-1}。Bodnárová 等[47] 也发现光球亮点的运动服从瑞利分布，并且运动速度范围为 $2\sim4$ km·s^{-1}。Nisenson 等[48] 通过 DOT 在 G 带获得的观测数据对光球孤立亮点的运动特征进行了研究。他们通过跟踪并记录这些光球亮点的运动轨迹，计算获得其平均水平运动速度为 0.89 km·s^{-1}。Keys 等[49] 发现亮点的平均水平速度为 1 km·s^{-1}，运动最快的亮点水平速度可达到 7 km·s^{-1}。Yang 等[50] 根据光球亮点运动轨迹将它们分为三类：沿着直线或者近乎直线运动的类型，运动轨迹为旋转的类型，还有一类运动轨迹为不规则的类型。这三种类型的亮点的水平运动速度分别为 (2.18 ± 0.08) km·s^{-1}，(1.63 ± 0.09) km·s^{-1} 和 (1.33 ± 0.07) km·s^{-1}。综上，我们发现光球亮点的水平运动速度在 $1\sim3$ km·s^{-1}，而少数亮点以大于 7 km·s^{-1} 的高速水平运动。

观测发现，太阳光球亮点出现在两个或者多个米粒间隙中。一些大亮点或者几个聚集的小亮点往往会出现在几个米粒通道交叉的地方。也有一些个别的亮点因为出现在正在膨胀的两个米粒间隙中而被挤压拉长。宁静区的亮点大多为圆形或者椭圆形；而活动区的亮点除了一部分为圆形或者椭圆形外，还有相当一部分为拉长了的线状或者片状结构，被称为片式或者链式亮点。Utz 等[51] 利用 Hinode/SOT 望远镜对日面中心宁静区的光球亮点进行了研究。他们一共研究了两套数据，其中一套数据的采样率为 0.108 arcsec · pixel^{-1}，另一套数据的采样率为 0.0508 arcsec·pixel^{-1}。通过同样的识别算法，他们对这两套数据进行了研究，最后发现这些亮点的直径分别为 (218 ± 48) km 和 (166 ± 31) km。Feng 等[52] 发现光球亮点的平均等效直径为 230 km，这些亮点的等效直径服从对数正态分布，并且活动区和宁静区的大小分布服从同样一个正态对数分布函数。Yang 等[50] 则发现亮点的平均等效直径在 165~173 km 内。在对亮点大小的计算方面，所分析数据的空间分辨率、采样率和算法是影响统计结果的主要因素。不同仪器和不同方法所获得的结果稍有不同。目前而言，通过高分辨观测获得的光球亮点的大致尺度范围在 100~300 km。

Romano 等[53] 检测到宁静区亮点的数密度为 0.34 Mm^{-2}，活动区的为 0.43 Mm^{-2}。Almeida 等[41] 发现宁静区光球亮点的数密度为 0.3 Mm^{-2}。de Wijn 等[42] 发现宁静区网络内的光球亮点数密度为 0.02 Mm^{-2}。Bovelet 和 Wiehr[54] 则在日面中心的宁静区发现了数密度 0.32 Mm^{-2} 和亮点面积 2.0% 的覆盖率。Feng 等[52] 则发现活动区亮点的数密度和面积覆盖率是宁静区的两倍。由此我们可以看出，光球亮点在不同区域的数密度和面积覆盖率是不同的，在活动区的数密度要比宁静区的高，而在网络内区域的亮点数密度则比网络区域的低。由此，我们可以通过数密度看出，光球亮点的分布与背景磁场有很明显的关系。

我们知道，光球亮点的亮度来自于光球底部的热光子辐射。它的温度要比周围温度稍微高，亮度也稍微高一些。通过研究发现，光球亮点的平均亮度在 0.8~1.8 倍的平均光球背景亮度范围内。所以，光球亮点的亮度对光球辐射也起着很重要的作用。

在光球层对流作用下，光球亮点在不断的推挤和挤压作用下被动地运动。它们的运动类型是随机运动，是主动运动，还是其运动遭到了抑制？针对这些问题，通过扩散系数对光球亮点的运动行为进行了研究。我们先简单介绍一下扩散系数的定义和物理意义。亮点运动距离随着时间变化的均方根为

$$\langle(\Delta l)^2\rangle = 4K\tau \sim \tau^{\gamma}, \tag{3.1}$$

其中，K 为扩散系数 (diffusion coefficient)；γ 为扩散指数 (diffusion index)；τ 为特征时间。Monin 和 Iaglom[55] 认为，在充分扰动的状态下，扰动扩散系数应该依赖于时间和空间尺度。当 $\gamma = 1$ 时，意味着亮点的运动方式是不规则的，即随机运动；当 $\gamma > 1$ 时，意味着亮点的运动方式处于超级扩散状态，在这个状态下，扩散系数 K 的值随着时间尺度 τ 增大而增大；当 $\gamma < 1$ 时，意味着亮点的运动方式处于亚扩散状态，在这个状态下，扩散系数 K 的值随着时间尺度 τ 增大而减小。

$$K(\tau) = \frac{1}{4}\frac{\mathrm{d}}{\mathrm{d}\tau}\langle\Delta l^2(\tau)\rangle, \tag{3.2}$$

其中，$\langle(\Delta l)^2\rangle$ 是运动的亮点的位移变量，这里的 $\tau = t - t_0$。

$$\langle(\Delta l)^2\rangle = \langle\Delta l^2(\tau)\rangle = c\tau^{\gamma}, \tag{3.3}$$

$$c = 10^{y_{\mathrm{sect}}}, \tag{3.4}$$

γ 和 y_{sect} 都可以通过对数据线性拟合得到。

$$K(\tau) = \frac{c\gamma}{4}\tau^{\gamma-1}, \tag{3.5}$$

$$K(\Delta l) = \frac{c\gamma}{4}((\Delta l)^2/c)^{(\gamma-1)/\gamma}. \tag{3.6}$$

可用式 (3.1)~(3.6) 计算参数扩散系数 K 和扩散指数 γ。Abramenko 等[56] 发现当 $\gamma > 1$ 时，扩散系数 K 随时间的变化而越来越大；当 $\gamma = 1$ 时，扩散系数 K 则是恒定的值，不随时间的演化而变化；而当 $\gamma < 1$ 时，扩散系数 K 则随时间的演化而减小。他们发现光斑区域的亮点的 $\gamma = 1.48$，冕洞在光球层对应区域的亮点的 $\gamma = 1.67$。因此，他们认为这些区域的亮点处于超扩散状态。采用同样的方法，Jafarzadeh 等[57] 则发现宁静区光球亮点的 $\gamma = 1.69 \pm 0.08$。大部分的光球亮点被归类为超扩散类型。他们认为这些超扩散类型的光球亮点的运动类型是随机运动造

成的，并且随机运动是那些米粒、中米粒和超米粒演化以及米粒通道里的扰动造成的。Yang 等[58] 则进一步研究了光球亮点运动类型与纵向磁场之间的关系。他们发现当磁场强度越强时，扩散系数和扩散指数都开始减小。因此他们认为，磁场越强的亮点的扩散越慢，且扩散的快慢与周围背景磁场无关。

3.1.3 研究光球亮点物理意义

研究太阳光球亮点有着很重要的物理意义。首先，光球亮点来自于光球底层的热辐射，而这些辐射出来的光子也携带着光球底部的信息，研究光球亮点可以让我们有机会深入了解光球底部那些我们无法直接观测到的光学厚的区域。光球亮点有着较强的亮度对比度，且光球亮点在光球层的数密度分布与背景磁场有着明显的关系。在活动区附近光球亮点的密度很大，活动区附近的亮点的总辐射对光球层的辐照变化有一定的贡献。

其次，作为磁通量管在光球层足点的示踪者，光球亮点的运动、演化等基本特征在一定程度上代表着磁通量管在光球层足点的运动和演化等基本特征。研究光球亮点的物理意义也因为其示踪磁通量管在光球层的足点而变得重要。那么，我们先来了解一下研究光球磁通量管以及光球亮点的物理意义。

根据前面的分析，我们知道光球层中的磁场因为对流作用，往往以磁汇聚形式存在。这些磁汇聚因为浮力的作用而竖立在光球层中。那些呈圆柱体状或者片状的强磁汇聚称为磁通量管或者磁流管。一些有着强磁场的竖立在光球层中的磁通量管向高层大气延伸，穿过色球延伸至日冕层然后再回到光球层，形成拱状。这类的磁通量管形成一个环，被称为闭合磁环，它的两个足点都驻扎在光球层底部。也有一些有着强磁场的竖立在光球层的磁通量管向高层大气延伸，穿过色球延伸至日冕层以及行星际空间。这类磁通量管的一端驻扎在光球层底部，另外一端延伸至行星际空间无穷远处。这类磁通量管称为开放磁通量管。也有一些磁场强度没有那么强的磁通量管，它们没有向上延伸至日冕层，而是延伸至色球层或者高光球层就回到光球层，形成一个拱状结构。这类磁通量管的拱形结构形成在光球层和色球层，而没有延伸至日冕层。闭合的磁环对色球加热和日冕加热有着重要贡献，而开放的磁通量管则对太阳风加速有着重要的贡献。

由此可以看出，太阳大气层的磁场来源于光球层底部的对流层。在光球层对流作用下，磁通量管沿着米粒通道随机运动。这种不断地被推挤和挤压导致磁通量管处于不断振荡的状态。而磁通量管在光球层受到微小的扰动和振荡都会因为重力分层而在向色球和日冕层传播时被放大和加速。有理论和数值模拟认为，光球层磁通量管足点以 $1\sim2$ km·s^{-1} 的横向速度随机运动，可以在磁通量管内部激发磁流体动力学波。这些波动向上传播至色球和日冕层并耗散掉能量，从而加热色球和日冕。又因为光球层到色球层和日冕层，大气密度不断减小而形成密度梯度，磁通量管冻结的等离子体会因为压力梯度不断上传至色球和日冕层等高层大气从而将能量输送至高层大气层中。

Hasan[59] 通过数值模拟研究了磁通量管的动力学过程。他发现磁通量管与米粒相互作用可以在磁通量管内激发横波和纵波。磁场强度较强的磁通量管，比如位于网络区域的磁通量管，其产生的横波所携带的磁能比纵波携带的能量高出一个量级。而那些磁场强度较弱的磁通量管，比如位于网络内区域的磁通量管，产生的横波和纵波所携带的能量相当。他首先假设 G 带亮点是光球磁通量管足点的示踪者，然后通过计算光球 G 带网络区域亮点的运动来推论其示踪的网络区域磁通量管足点的运动，并进一步计算了 G 带亮点运动尺度下在磁通量管内部激发的横波所携带的能量。最后发现这些能量足以提供色球加热所需要的能量。在研究横波沿着磁通量管向上传播时，他发现这些波在色球层耗散能量的方式很简单且具有周期性。这种短时间能量倾泻持续 30 s，然后紧接着是一个周期比较长 (时间长于色球辐射能量损失的时间尺度) 的低能量的倾泻。单个磁通量管注入色球层的最大能量密度为 10^9 erg·cm^{-2}·s^{-1} (1 erg = 10^{-7} J)，而在时间尺度上的平均能量密度为 10^8 erg·cm^{-2}·s^{-1}。他的结果中发现，在网络区域的磁通量管内部，横波更容易被激发并向色球和日冕层中传播。这样的结果暗示了观测上色球层 Ca II 线上的网络区域应该有很强的辐射。

de Pontieu 等[60] 研究了阿尔文波在色球层和日冕层的耗散。在气体部分电离的色球层，阿尔文波能量耗散的方式主要是离子和中性粒子的碰撞。他们计算了特定频率的阿尔文波在不同的区域下，如活动区附近的光斑区、宁静区、黑子的本影和半影区，沿着磁通量管传播到色球层、日冕层的能量耗散时间尺度。对于特定频率的波段，其能量耗散率最大的区域是位于光球和色球交界处的温度极小区。由于色球层离子和中性粒子之间碰撞，阿尔文波的能量耗散是 10^7 erg·cm^{-3}·s^{-1}，在黑子本影、宁静区、光斑区产生的周期分别为 50 s，5 s 和 0.5 s。这种能量耗散有可能解释色球层中的黑子本影、宁静区、谱斑区的能量平衡。然后他们又考虑了在冕环中的阿尔文波在光球层足点泄漏的能量大小。他们假设一个三层结构的冕环模型。假设阿尔文波在冕环内和光球层足点处的速度 v_A 是恒定的且没有能量耗散。然而在色球层，v_A 随着高度变化而呈指数变化。他们发现阿尔文波在色球层耗散能量达到一定量时，会使足点能量泄漏增强，而足点能量泄漏增强对日冕加热中谐振吸收也有意义。

van Ballegooijen 等[61] 建立了一个三维的磁流体动力学数值模拟模型。在他们的模型中考虑到了日冕磁环在光球层的一对足点 (大小在 100 km 左右)，并且这对足点在演化过程中没有发生融合和分裂。他们计算发现，当足点在光球层对流作用下以 1~2 km·s^{-1} 的速度运动，并且运动时间在 60~200 s 时，该日冕磁环在光球层顶部可以产生阿尔文波。如果日冕磁环在光球层中的那部分发生适度的扭绞和缠绕,那么沿着该磁环向上传播的阿尔文波就会产生湍流而将部分能量耗散掉。阿尔文波在色球层和日冕层通过产生湍流而耗散掉的能量足以加热色球和日冕。

色球和日冕的能量均来自于光球层底部。目前比较重要的则是能够在光球层检测到阿尔文波来证实其从光球层携带能量到高层大气层中。只是阿尔文波在高光球产生,它的传播速度非常快,目前的望远镜的时间分辨率虽然已经很高了,但仍不能够捕捉到阿尔文波。因而,光球阿尔文波的检测仍是一个挑战。

3.2 色球背景

太阳大气中紧挨着光球并在其上方的大气就是色球层。我们通常把温度极小层当作光球层和色球层的分界层。那里既是光球层的顶层又是色球层的底层。从光球层底层到达光球顶层的 500 km 的高度上,温度一直下降,气体密度也不断下降。从光球层与色球层的分界面温度极小区,温度开始上升并在色球层达到上万度,而气体密度依旧不断下降。温度在色球层随着高度不断缓慢上升。到了过渡区,即色球层和日冕层中间的狭窄区域时,温度急剧升高至百万度。这个区域的气体密度也急剧下降。到了日冕层,温度达到了百万度,而气体也变得极其稀薄(图 3.4)。这就是著名的色球和日冕加热问题。

表 3.1 展示了不同区域和高度下通过单位面积在单位时间内的能量损失量。我们注意到日冕层中的冕洞区域的热传导和辐射的能量损失都比较小,分别在 60 W·m^{-2} 和 10 W·m^{-2} 左右,从这里吹出来的太阳风则带走了较多的能量 (700 W·m^{-2});日冕层中宁静区通过热传导、辐射和太阳风三个因素损失的能量分别为 200 W·m^{-2}, 100 W·m^{-2} 和小于 50 W·m^{-2},而活动区的能量损失则分别是 $10^3 \sim 10^4$ W·m^{-2}, 5000 W·m^{-2} 和

小于 100 W·m^{-2}。冕洞、宁静区和活动区三个区域的能量损失总和分别约为 800 W·m^{-2}, 300 W·m^{-2} 和 10^4 W·m^{-2}。因此，在日冕层中通过活动区损失的能量最多，冕洞次之，宁静区最少。

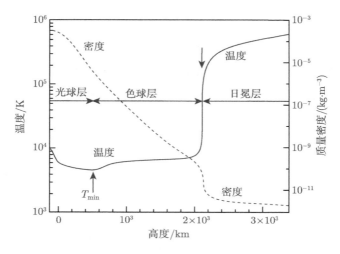

图 3.4　温度和大气密度随高度在太阳大气层中的变化[62]

表 3.1　在不同区域和高度下通过单位面积在单位时间内的能量损失量[62]

（单位：W·m^{-2}）

		冕洞	宁静区	活动区
日冕层	热传导	60(15)	200	$10^3 \sim 10^4$
	辐射	10(15)	100	5000
	太阳风	700(100)	小于 50	小于 100
	总和	约 800	约 300	约 10000
色球层	低层	2000	2000	10000
	中层	2000	2000	10000
	高层	300	300	2000
	总和	约 4000	约 4000	约 20000

让我们再来分析一下色球层不同高度、不同区域的能量损失。首先冕洞区域在低色球层、中色球层和高色球层能量损失分别为 2000 W·m^{-2}, 2000 W·m^{-2} 和 300 W·m^{-2}。宁静区在这三个高度中的能量损失分别为

2000 W·m^{-2}, 2000 W·m^{-2} 和 300 W·m^{-2}。而活动区的则分别为 10000 W·m^{-2}, 10000 W·m^{-2} 和 2000 W·m^{-2}。因此在色球层中，冕洞对应的区域的能量损失一共约为 4000 W·m^{-2}，宁静区的约为 4000 W·m^{-2}，活动区的约为 20000 W·m^{-2}。由此可见，色球层和日冕层的不同区域都有着不同程度的能量损失量。然而，色球和日冕的温度一直处于稳定平衡中。那么一定有一种或者多种提供能量的加热机制来弥补这些不同量级的能量损失。因此，色球加热和日冕加热问题是一个关注度很高的未解难题。

结合图 3.4 和表 3.1 不难看出，提供能量到色球和日冕层的模型和机制不止一种。色球加热和日冕加热的能量是由光球底层提供，并通过不同方式上传到高层大气层的。从表 3.1 中可以看出能量损失的主要方式一共有三种，即辐射、热传导和物质损失。在日冕层中这三种方式都很重要，因为日冕层也通过向低层大气辐射和热传导损失能量；另一方面，日冕层通过太阳风和 CME 等大尺度活动以损失物质的方式损失能量，但是色球层中的能量损失方式主要是热辐射，这是因为色球层中等离子体被磁场限制住而只能沿磁场方向运动，这样热传导损失的能量被束缚在磁场结构内。在色球层和低日冕层中，磁压大于其周围的气压，这种情况下，磁场就会阻止外界气体或者太阳风等从该磁场结构中带走能量和物质，从而减少了能量损失。

为色球和日冕层持续不断地提供能量的机制主要有以下几种：①磁流体动力学波或者声波的能量耗散；②磁场携带能量到高层大气中；③热传导提供能量；④物质从低层大气携带能量运动到高层大气中。这几种提供能量的机制中，在光球层被激发的磁流体动力学波向上传播并在高层大气中耗散能量，最有可能是高层大气加热的能量来源，也最有可能解释日冕和色球加热问题。当然，日冕层中特别是日冕层中的活动区的热传导也可以加热高层色球。也有一些区域，一部分能量通过物质从日冕层回落到色球层而加热色球, 比如针状体、暗条和冷的日冕物质等。在色球层中的活动区和宁静区的强磁场汇聚区域 (网络区域), 磁能的耗散也为色球加热提供了能量。而色球层中的磁场位形也直接决定了通过磁场结构中的通道传输的物质和能量, 这些能量也因此通过耗散局部加热色球。

色球加热和日冕加热问题是太阳物理目前仍没有解决的一大难题。在了解色球和日冕加热的物理机制前, 我们应深入地了解色球层特征。

我们知道 500~1500 km 厚度的色球气体分布比较均匀, 1500 km 以上则充满了针状体。针状体是色球层最主要的组成成分之一。当用 Hα 线, Ca II H 线或者其他色球谱线观测太阳边缘时, 这些呈现喷流形状的针状体就可以被观测。这些针状体的物质流量是太阳风物质流量的 100 倍。因此也被认为是提供高层大气物质平衡的很重要的一个观测特征。这些针状体是由色球层向高处运动的物质流组成的, 因此只能从日面边缘处看到它的形状。在日面中心处因为观测角度, 很难观测到针状体。因此在日面中心观测时, 针状体的形状还不确定。但可以肯定的是, 色球层的纤维、亮的和暗的斑点都和针状体有关系。针状体的宽度为 700~2500 km。在 Ca II H 线观测到的针状体比 Hα 线观测到的宽度要宽一些[63]。针状体的长度范围为 5000~9000 km, 寿命为 5~15 min[63]。这些针状体被认为是, 根部连接在超米粒元胞边界的网络中, 等离子体沿着磁力线向上运动并以 10~50 km·s^{-1} 的速度向上抛出。但就目前而言, 针状体的形成高度还不确定。

让我们将目光从色球层的日面边缘移到日面中心来。在日面中心用 Hα 观测到的特征主要有两种暗纤维。一种是水平方向的细长纤维, 它连接着超米粒的边界或者是从黑子区域半影出来的纤维, 这种类型的暗纤维寿命比较长; 还有一种寿命较短的暗纤维, 出现在日面中心的超米粒边界处, 被认为是针状体在日面中心的对应体。当我们用 Hα, Ca II 的

H 和 K 线观测色球层时，会发现在黑子附近有一个明亮的区域，它与光球层的黑子和光斑区对应，我们称之为谱斑区。黑子及其附近的谱斑区称为活动区，而谱斑区以外的区域称为色球宁静区。

太阳色球层低层的观测特征相对于色球中高层则简单很多。当我们用 Ca II 的 H 和 K 线，Na I 的 D1 (5896 Å)，Mg I 的 b2 (5173 Å)、H I 的 Ly a (1216 Å) 观测低色球的宁静区时，所观测到的则是相对于中高色球比较稳定的观测特征。低色球宁静区中的主要特征是呈现出一种网络状的结构，这些网络比周围亮，我们称之为亮网络。这些亮网络位于超米粒元胞边界处的磁场汇聚处。色球网络在光球层的对应特征是密集的亮点汇聚处。被这些网络包围的区域称为网络内结构，网络内结构也是超米粒元胞内部的结构。网络内的观测特征主要有反转米粒、亮颗粒以及色球亮点。色球网络、色球反转米粒、色球亮颗粒以及色球亮点是低层色球主要的辐射特征。这里的色球网络主要是由光球层底部浮现出来的磁场汇聚在超米粒边界所形成的磁汇聚特征。色球反转米粒在光球层对应光球米粒元胞。然而在色球层，这些米粒的亮度则非常弱，而光球层暗的米粒通道对应在色球层的则是这些反转米粒亮的边界。我们称之为亮的弧形或者拱形结构。在这些亮的拱形结构相互连接处还有一些亮颗粒和色球亮点。下面我们一一来介绍这些特征。

色球层的反转米粒是那些与光球层米粒元胞位置在空间上上下相对应的一个结构。在用 Ca II H 和 K 线观测时，我们发现与光球上亮米粒在同一水平位置的结构，在色球高度上则是暗的元胞，这些元胞的边界则是亮的拱形结构。这与光球层的亮米粒元胞和暗米粒通道在亮度上完全相反，因而这种在色球上观测到的结构被称为反转米粒。反转米粒很可能是由对流反转和重力波的共同作用造成的[64,65]。

Carlsson 和 Stein[66] 通过数值模拟研究了 Ca II H_{2v} 线观测的亮颗粒的形成原因。他们采用了一个一维非局部热力学平衡的辐射动力学程序，利用一个 6 级别模型的氢原子和电离的钙离子来研究。他们驱动声波通过分层的辐射平衡大气向上传播。声波的速度与通过形成高度在 $\tau_{500} = 1$ 之上 260 km 处的 Fe I 3966.8 Å 的氢线线翼处观测的多普勒移动相吻合。他们的数值模拟与观测的 Ca II H_{2v} 中的亮颗粒的特征相吻合。他们发现这些亮颗粒是由光球之上 1 Mm 处的激波产生的，这些激波在色球层中层的高度产生一个很大的源函数和强的辐射。这是因为此高度处的密度足以使离子碰撞并使 Ca II 与周围的环境耦合。他们认为这些亮颗粒的形成是频率稍微高于声波截止频率的波动从光球传播到色球层形成的，而声波并不是亮颗粒产生的能量来源。

色球亮颗粒在用 Ca II H 和 K 线观测时呈现出亮的圆形尺度为 $1''\sim2''$ 的圆点，并且出现在网络内。Jensen 和 Orrall，以及 Orrall 首先指出 K_{2v} 亮颗粒的出现早于线翼 H 和 K 线，这是很重要的一点。因为线翼在太阳上对应的高度是在光球高层区域，比那些从线心波段的线深。因此这就说明 K_{2v} 亮颗粒产生于低色球层。他们通过观测发现了色球亮颗粒与磁场无关的证据。他们通过同时观测 Ca II K 线和 CN 线在 3883 Å 的情况，发现当 K_{2v} 线对应的图像中的亮颗粒出现时，CN 线对应的图像中相应位置处并没有发亮。这里要说明一下的是，CN 线的观测高度在光球层底部之上 320 km 处，且可以直接用来当作竖直磁场的示踪者。因此，他们得出结论，这些亮颗粒与磁场没有直接关系。

我们用 Ca II H 和 K 波段观测低色球层时，在一些强磁场区域 (网络区域) 和一些弱磁场区域 (网络内区域)，可以观测到一些小亮点。这些亮点在形状和演化行为上与光球亮点相似。并且，观测发现很多色球亮点与光球亮点相对应。因此，我们认为能够对应起来的色球亮点和光球亮点是同一个磁通量管在不同高度层的足点的示踪者。当然，并不是每一个光球亮点都在色球层有与之对应的色球亮点，反之亦然。光球亮点和色球亮点之间的关系还需要我们进一步深入研究。利用 Sunrise 观测资料进行的研究表明，色球宁静区亮点平均运动速度为 $2.2\ \text{km·s}^{-1}$，最大速度可达 $15\ \text{km·s}^{-1}$，平均直径为 $150\ \text{km}$，寿命平均为 $673\ \text{s}$。更进一步地，这些亮点的运动为随机运动[57]。

　　McAteer 等[67] 研究了色球网络亮点的亮度振荡。他们发现位于网络区域的色球亮点有 $4\sim15\ \text{min}$ 的振荡周期。他们认为这些色球层的网络亮点的亮度振荡很可能来源于光球层向上传播的磁声波或者磁重力波。Bhattacharya 等[68] 发现色球亮点的亮度振荡周期在 $2.4\sim5.8\ \text{min}$。Tritschler 和 Schmidt[69] 研究了色球网络亮点和色球网络内亮点的亮度振荡。他们发现，色球网络内亮点的振荡周期为 $3\ \text{min}$，而色球网络亮点的亮度振荡周期为 $5\ \text{min}$，这与 Kariyappa 等[70] 的结果相一致。他们一致认为网络亮点和网络内亮点的形成机制并不相同。不过他们没有发现这两种出现在不同区域的亮点在大小上的不同。

第 4 章　CME 概述

作为宇宙中对我们最为重要的恒星，太阳与我们人类的生存和发展息息相关。同时，作为距离我们最近的一颗恒星，太阳又给我们提供了研究恒星活动及其物理机制的唯一机会。发生在太阳大气中的太阳爆发现象，如太阳耀斑、爆发日珥和 CME，是太阳系中最为剧烈的能量释放过程。一次大爆发释放多达 10^{32} erg 的能量和 10^{16} g 的太阳等离子体到行星际空间，并且伴随有 10 keV～1 GeV 的高能粒子流。其中 CME是太阳大气中尺度最大、最为壮观的活动及能量释放现象。CME 是由等离子体和磁场组成的大尺度结构。当 CME 发生时，其携带的巨大能量和物质将抛到行星际空间，产生行星际激波，并引起近地空间的地磁暴、电离层暴以及极光等现象，对空间天气造成强烈扰动，给我们完全依赖各种现代化技术，如卫星、通信、遥感、电力等的现代社会及生活造成严重的影响。CME 是影响近地空间环境和驱动日地空间灾害性天气的最主要的太阳爆发事件[71]。因此，目前对 CME 的研究成为太阳物理、地球物理、日地空间物理以及空间天气学等许多学科的重要前沿课题之一。

事实上，早在 1971 年 12 月 14 日，美国海军实验室的 OSO-7 卫星就首先观测到日冕中一些物质的突然抛射改变了日冕的结构，当时称之为日冕瞬变 (coronal transient) 事件。以后 Skylab, P78-1 等卫星和地面日冕仪相继观测到许多日冕瞬变事件。到了 20 世纪 70 年代末和 80 年代初，一些研究者明确提出了 "日冕物质抛射" 这一概念[72, 73]。20 世纪80～90 年代 "太阳极大使命" (SMM)、"阳光" (Yohkoh)、SOHO 等一系列卫星的长期观测，以及地面设备观测的配合，使 CME 的研究蓬勃发展起来, 进而使人们对 CME 的了解也越来越深入。

4.1 CME 的观测特征以及统计特征

太阳的最外层大气称为日冕。CME 是 1971 年 12 月 14 日, 人类第一次观测到的太阳日冕中的物质瞬时向外膨胀或向外喷射的现象。它表现为在几分钟至几小时内从太阳向外抛射的一团日冕物质 (速度一般从每秒几十千米直到超过每秒 1000 km), 使很大范围的日冕 (近于一个日轮面积) 受到扰动, 从而剧烈地改变了白光日冕的宏观形态和磁场位形[74]。观测上的定义是由日冕仪在天空投影平面内日冕仪遮光板外所观测到的向外传播的日冕亮结构。

除了部分 CME 具有密度较大的低温亮核外, CME 一般是由日冕高温而稀薄的物质组成的, 因此对它的观测最常采用的是白光日冕仪[75]。此时, 白光连续辐射是由自由电子对光球辐射的汤姆孙散射产生的。CME 的高温物质也可产生远紫外、X 射线和低频射电波段的辐射。因此也可以利用远紫外望远镜、软 X 射线望远镜和低频射电望远镜对 CME 进行观测。此外, 有些 CME 可使高能粒子加速, 故可通过探测这些非热的高能粒子来间接地观测 CME, 同时, 与 CME 相关的还有在 Hα 成像中观测到的莫尔顿波和远紫外成像中观测到的 EIT 波, 以及在远紫外、X 射线波段、甚至 He10830 Å 图像上产生的暗区 (dimming) 现象[75]。因此通过这些波段也可以间接地观测和研究 CME。

CME 的观测和统计特征包括平均质量、能量、速度、加速度、张角、发生频率以及纬度分布等。实际上 CME 的各种观测特征没有十分确切的量值。用不同来源的 CME 资料以及不同的样本数进行统计会得到不同的结果。同时, CME 的各种特征参数本身的变化范围也很大。例如, CME 的视速度可以从几十千米每秒到上千千米每秒, 有的甚至可以达到 3000 km·s^{-1}，平均速度在 500 km·s^{-1} 左右[74]。

　　研究 CME 的统计特征需要有 CME 的观测数据。自从 1971 年 12 月 14 日，人类第一次观测到 CME，到 2005 年底，OSO-7 运行 19.5 个月观测到 27 个 CME，Skylab 在 227 天中观测到了 115 个 CME，Solwind 和 SMM 观测到的 CME 个数急剧增大，LASCO 在 1996~2005 年观测到的 CME 事件超过了 10000 个。表 4.1 对上述 CME 的空基观测做了一个小结[76]。基于这些数据对 CME 统计特征研究的结果在下面作简要介绍。

表 4.1　各种空基日冕仪对 CME 的观测小结[76]

日冕仪	OSO-7	Skylab	Solwind	SMM	LASCO
观测年份	1971	1973~1974	1979~1985	1980, 1984~1989	1996~2005
视场范围 ($R_\odot$)	2.5~10	1.5~6	3~10	1.6~6	1.2~32
观测到的 CME 的个数	27	115	1607	1206	10513
平均速度 (km·s^{-1})	—	470	460	350	489
平均角宽度/(°)	—	42	43	47	47
平均质量/($\times 10^{15}$g)	—	6.2	4.1	3.3	1.6

4.1.1　CME 的形态和结构

　　CME 具有不同的表现形态和结构，如环状、泡状、晕状、束流状和扇状等。被各种空基日冕仪观测到的各种形状的 CME 见图 4.1。

　　有些人曾试图将这些结构和形态进行分类[72,77,78]。但事实上，不同波段观测到的 CME 形状可能不同，并且 CME 的形状也会随时间而变化，而且更重要的是单点观测到的 CME 结构只是在天空平面的投影，表现的形状并不代表真实的结构。CME 的一个比较典型的形态是所谓的三分量结构，即 CME 由亮的外环、其下面的低密度暗腔，以及暗腔内的高密度亮核 (对应于爆发日珥) 组成[79,80]。虽然这类 CME 仅占实际观测的 30% 左右，但还是被许多理论和观测工作者视为 "标准 CME" 的形态[81]，如图 4.2 所示。

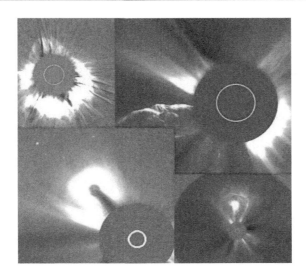

图 4.1　SOHO/LASCO 观测的多种形状的 CME

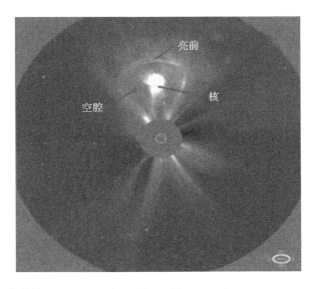

图 4.2　典型的 CME(2006 年 2 月 11 日 SOHO/LASCO c2 01:30:57UT)

　　亮外环可以用白光、X 射线和射电观测到, 其典型的参数是: 数密度 $n_e \sim 10^8$ cm^{-3}, 温度 $T \sim 2 \times 10^6$ K, 磁场 $B \sim 1$ Gs。暗腔可由白光、X 射线和 Hα 观测, $n_e \sim 10^7$ cm^{-3}, $T \sim 2 \times 10^6$ K, 磁场 $B \sim$ 几 Gs。亮核可由 Hα、X 射线、射电、He10830 Å 和 EUV 等观测到, $n_e \sim 10^{11}$ cm^{-3},

$T \sim 8000$ K, $B \sim 10$ Gs。这种具有三分量结构的 CME 明显同暗条爆发有密切的关系，是暗条爆发时引起日冕大尺度磁场重组的产物。不过，有时亮核不太明显。

4.1.2　CME 的平均质量和能量

对 CME 质量估计的方法首先要假设 CME 为完全电离的氢等离子体，其中含有 10% 的氦，然后通过判断 CME 的体积和其中电子的数目来确定 CME 的质量。另外，还可以根据 CME 中等离子体热辐射的性质，通过射电、X 射线观测结果来估计 CME 的质量。从射电和 X 射线估计出的 CME 的质量为 $10^{14} \sim 10^{15}$ g，比从白光观测估计的质量小，但仍在白光测得的质量值的范围之内。必须指出的是：从射电和 X 射线估计出的 CME 的质量对应区域离太阳很近，而从白光估计的质量对应比较高的区域——约几个太阳半径。射电和 X 射线技术基于 CME 等离子体的热辐射性质，因此在估计 CME 的质量时可以不受约束地反复核查，故提供了一种交叉检验 CME 质量估计的方法。

由 CME 的质量和速度可估计出它的动能，由 CME 的质量和高度可以估计出它的势能，由光球层的磁场观测或 1 AU 处磁云的观测，再假定磁通量守恒，即可估计出磁能。

Hildner 等最早研究了 OSO-7 和 Skylab 的日冕仪观测到的 CME，得到 CME 的质量范围为 $1 \times 10^{14} \sim 1 \times 10^{16}$ g，平均质量为 6.2×10^{15} g，平均能量 (动能 + 势能) 为 1.19×10^{31} erg[82]。Howard 等研究了 Solwind $1979 \sim 1985$ 年观测的 CME，得到 CME 的质量范围 $2 \times 10^{14} \sim 4 \times 10^{16}$ g，平均质量为 4.1×10^{15} g，动能范围为 $10^{30} \sim 10^{32}$ erg，动能的平均值为 3.5×10^{30} erg[83,84]。Gopalswamy 等利用美国 Clark 湖射电日像仪在 73.8 MHz 观测了 1986 年 2 月 16 日 CME，并通过射电方法求出了它的电子密度，进而得到了它的质量为 4.2×10^{15} g[85]。Jackson 由 Helios

光度计估测出 CME 的质量一般都大于 10^{16} g[86]。由于投影效应的影响，CME 质量和能量的测定存在一定的误差。光度计测量 CME 的平均质量和平均能量比日冕仪的测量结果高得多[87]。

图 4.3 表示了 1996~2002 年 LASCO 观测到的 4297 个 CME 的质量和能量特点的总结，给出了关于 CME 的平均质量、动能和势能的最近结果，分别是 1.6×10^{15} g，2.4×10^{30} erg 和 2.5×10^{30} erg[88]。Gopalswamy 分析 1996 年 1 月~2005 年 6 月 SOHO/LASCO 的 CME 事件，得到 CME 的质量范围为 $10^{13} \sim 10^{16}$ g，平均值为 6.7×10^{14} g；动能范围为

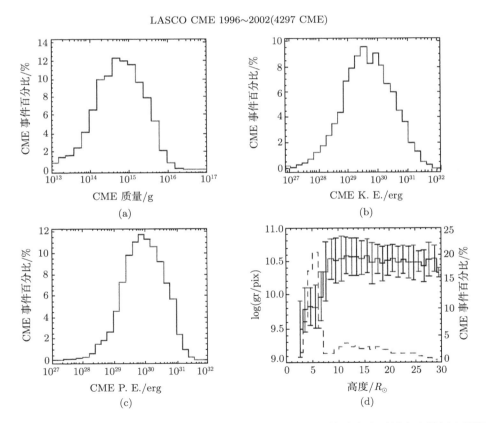

图 4.3　CME 质量、能量 (K. E. 表示动能，P. E. 表示势能) 的分布和质量密度随日心距的演化。(d) 图中虚线的柱状图为 CME 被观测到的起始高度的分布，该图表明大多数 CME 在密度增加的高度范围内被观测到[92]

$10^{27} \sim 10^{32}$ erg, 平均值为 5.4×10^{29} erg[89]。可以看出分析 LASCO 观测数据得到的 CME 平均质量低于根据以前日冕仪观测的估计结果, 这可能还是因为 LASCO 灵敏度和动力学范围都改善了很多, 能观测到质量为 10^{13} g 的 CME: 15% 的 CME 质量低于 10^{14} g[88]。另外图 4.3 也表现了质量密度 (CME 在 LASCO 图像中对应于每个像素的质量) 随目心距的变化, 我们发现 8 个太阳半径以内质量密度迅速增加, 8 个太阳半径以外质量密度保持稳定。在大视场的观测中, 如 SOHO/LASCO, 随着 CME 外环的移动, CME 的质量还会增加, 但是 20% 的 CME 在 5 个太阳半径内达到它们的最大质量, 几乎一半的 CME 在 LASCO/C2 的视场中达到其最大质量, 这说明 CME 的质量可能被低估。早期的研究中从日冕到行星际介质质量增长因子是 3[89]。需要指出的是 CME 的平均质量会随太阳周有微小的变化[90,91]。

4.1.3　CME 的速度

根据不同时刻 CME 亮环顶点的位置即可得出 CME 的传播速度。不过需要指出的是这只是 CME 在天空平面的投影速度, 或称为视速度。Gosling 等最早对 CME 的速度进行了统计研究, 他们研究了 1973~1974 年 Skylab 日冕仪观测的 CME, 得到平均速度为 470 km·s^{-1}[93]。随后 Howard 等分析了 Solwind 日冕仪 1979~1981 年观测的 998 个 CME, 得到平均速度为 470 km·s^{-1}, 中值速度为 200 km·s^{-1}[83]。Hundhausen 等分析了 SMM 观测的 673 个 CME, 得到平均速度为 349 km·s^{-1}, 中值速度为 285 km·s^{-1}[94]。我们可以看到 SMM 观测到的 CME 的平均速度与 Skylab 和 Solwind 观测到的 CME 的平均速度低, 可能与其数据覆盖时间及它对一些快速 CME 的速度不能有效估计有关[95]。可能也是因为这个原因, SMM 观测的数据并没有表现出在太阳活动周的极小年和极大年 CME 的平均速度有什么明显的不同[96], 而其他的观测则显示从极小年到极大年平均速度有明显的上升[83]。SOHO/LASCO 日冕仪观测的 CME 数据更具统计意义，这些数据不仅覆盖时间长，而且视场范围大，观测到的 CME 速度从几十 km·s^{-1} 到超过 3000 km·s^{-1}。Gopalswamy 等对 1996~2002 年 SOHO/LASCO 观测到的 CME 进行了详尽的分析，得到各年份 CME 速度分布直方图，平均速度和中值速度的变化曲线，如图 4.4 所示。进一步证实 CME 的平均速度从太阳活动极小

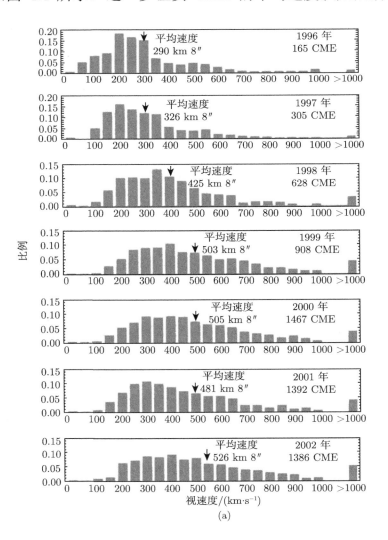

(a)

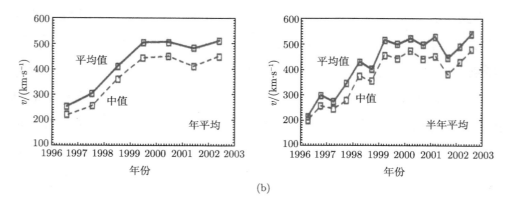

图 4.4   1996~2002 年 SOHO/LASCO 观测到的 CME 视速度的逐年分布 (a)，CME 的年平
均和半年平均速度以及年中值和半年中值速度分布 (b)[95]

年到极大年有明显的上升，变化达 1 倍，且平均速度极大值发生在 2002
年[95]。Gopaswamy 随后又分析了 1996 年 1 月~2005 年 6 月 SOHO/
LASCO 观测到的 CME，得到平均速度为 483 km·s^{-1}[95]。

4.1.4   CME 的加速度

CME 的运动是多种力 (包括磁张力、磁压力、气体压力、重力 F_g 和
其他阻力) 综合作用的结果。根据 Chen 以及 Cargill 等的理论描述，CME
刚从日面出发时，需要有推动力对其加速，此时推动力要克服其本身的
重力和其他阻力；而当 CME 传到远离日面一定距离时，其所受的合力
很可能指向日面，CME 运动的加速或减速过程就是这些力综合作用的
结果[96,97]。由 HAO 的 K 冕观测仪 (视场 $1.2R_\odot$~$2.7R_\odot$) 观测的数据得
到 CME 的平均加速度一般都是正的，而且比 SMM(视场 $1.8R_\odot$~$5R_\odot$)
和 LASCO(视场 $2R_\odot$~$32R_\odot$) 获得的平均加速度大[98]。进一步结合日
冕仪其他仪器挡板以下得到的区域的数据可以清楚地看到加速度是变化
的[99]。最近一些研究结果表明，CME 所受的推力一般在 $4R_\odot$ 内会消退，
此后 CME 所受的往回拉的力就起主要作用[100]。那么在 LASCO 的视
野内应该能看到 CME 的减速过程，这一点也被 Yashiro 等的统计结果

所证实[101]。图 4.5 展现了不同速度范围内 CME 的平均加速度 (a) 分

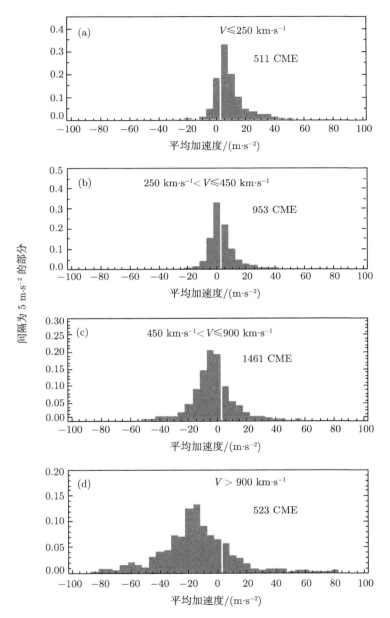

图 4.5　LSACO 在 1996~2003 年观测到不同速度范围的 CME 的平均加速度。可以看出快

速 CME 有减速的趋势[101]

布：①慢速 CME($V \leqslant 250\,\mathrm{km \cdot s^{-1}}$) 是加速的 (中值加速度：$a = 6\,\mathrm{m \cdot s^{-2}}$)；
②接近太阳风速度的 CME($250\,\mathrm{km \cdot s^{-1}} < V \leqslant 450\,\mathrm{km \cdot s^{-1}}$) 表现出极小
的加速度 (中值加速度：$a = 1.6\,\mathrm{m \cdot s^{-2}}$)；③比太阳风速度高的 CME
($450\,\mathrm{km \cdot s^{-1}} < V \leqslant 900\,\mathrm{km \cdot s^{-1}}$) 表现为减速占优势 (中值加速度：$a = -4\,\mathrm{m \cdot s^{-2}}$)，快速 CME($V > 900\,\mathrm{km \cdot s^{-1}}$) 表现为明显的减速 (中值加速
度：$a = -16\,\mathrm{m \cdot s^{-2}}$)[101]。

4.1.5 CME 的角宽度

在介绍 CME 的大小 (角宽度) 之前，我们首先看一下位置角的概念。
位置角是用来描述发生在天空平面上现象位置的一个参量，实际测量时
在天空平面上从太阳北极 (0°) 沿逆时针方向测量。如图 4.6 所示，CME
的张角指 CME 在天空平面中张开角度的大小，通常也叫角宽，在数值
上等于两边缘的位置角 φ_1 和 φ_2 之差，即角宽度等于 $\Delta\varphi = \varphi_1 - \varphi_2$。
对于起源于太阳边缘的 CME，其测量的角宽度接近它的真实宽度；但是
对那些远离太阳边缘的 CME，测量的角宽度可能高于其真实宽度。许多
CME 在向外传播时角宽度会增大，所以在角宽度接近常数时进行测量。

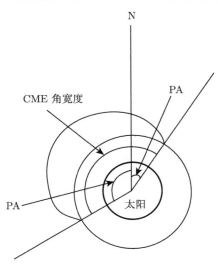

图 4.6   CME 角宽度的定义

Hildner 等测量了 Skylab 观测的 68 个 CME, 结果得到 CME 的平均角宽度为 42°[82]。随后 Howard 和 Hundhausen 分别测量了 Solwind 和 SMM 观测的 CME 的平均角宽度, 得到了相似的结果[83]。Funsten 等测量了 1980~1999 年 MK3 观测的 CME, 得到 CME 的平均角宽度只有 37°, 比前人统计的结果要小, 这可能与 MK3 观测的位置比较低有关[99]。Gopalswamy 分析了 1996 年 1 月~2005 年 6 月的 SOHO/LASCO 观测到的角宽度 $\leqslant$ 120° 的 CME, 得到平均角宽度为 46°[89]。我们可以看到当我们除去角宽度大于 120° 的 CME 时, SOHO/LASCO 观测到的 CME 的平均角宽度就接近于 Skylab(42°), SMM(47°) 和 Solwind(43°) 的结果, 这可能是 SOHO/LASCO 以前的日冕仪没有观测到大量角宽度大于 120° 的 CME 事件的结果。一个肯定而明显的事实是: CME 属于大尺度的活动现象, 其大小要比黑子、耀斑和活动区等的大小大许多。这说明它的爆发牵涉大尺度日冕磁场结构。

角宽度较小 (如仅几度) 的 CME 可以称之为窄 CME, 如图 4.7(a) 所示, LASCO 日冕仪发现每天至少有 3~4 个喷流状抛射物。Yashiro 等[102] 统计了 806 个窄 CME(角宽度 < 20°), 并和 4311 个普通 CME(角宽度 > 20°) 进行了比较, 结果发现窄 CME 的数目随着太阳活动性增强而增大, 极小年时, 窄 CME 集中在赤道面, 而极大年时则和正常 CME 一样, 出现在各个纬度。窄 CME 的平均速度从极小年的 300 km·s^{-1} 增大到极大年的 550 km·s^{-1}。在极大年, 窄 CME 的中值速度大于通常 CME 相应的值。在角宽分布的另外一个极端, 通常把角宽度大于 120° 的称为晕状 CME, 如图 4.7(b) 所示, 其中角宽度为 360° 的称为全晕状 CME, 否则称为部分晕状 CME。晕状 CME 首先被 Howard 等[103] 报道, 之后被 Cane 等[104] 解释成在日地连线附近传播的 CME。

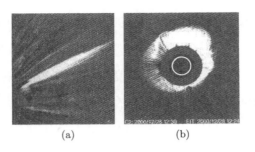

图 4.7　窄 CME(a) 和晕状 CME(b)

4.1.6　CME 的纬度分布

根据一些研究者对 CME 的纬度分布的研究发现：大多数 CME 分布在 ±50° 的纬度内，并且随着太阳活动周而变化[71,76,82,102]。近年来，Gopalswamy 等[95] 对 LASCO 日冕仪积累了 7 年的观测资料做了详尽的分析，图 4.8 给出了爆发日珥及其相关的 CME 纬度分布的演化。进而表明，在太阳活动极小年间，CME 集中在太阳赤道附近的低纬度区域，随着太阳活动的增加，CME 的纬度分布逐渐变宽；在太阳活动极大年间，CME 会出现在高纬度区域，这种变化同爆发日珥分布相似。同时图 4.8 还显示出高纬度 CME 与日珥爆发的时间和纬度具有南北不对称性：大部分北半球的高纬 CME 发生在 2000 年的前三个季度中；而南半球的高纬 CME 和日珥爆发则开始于 1999 年中期，并一直延续到 2002 年的第一季度。

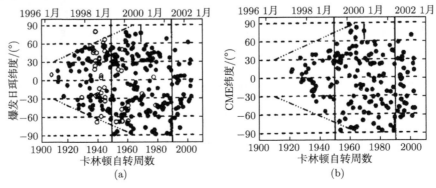

图 4.8　爆发日珥 (a) 和相关的 CME(b) 纬度随卡林顿自转周数的分布[95]

4.1.7 CME 的发生率

Tousey 等[105] 利用 OSO-7 日冕仪在 19.5 个月 (1971 年 11 月~1973 年 5 月中旬) 内观测到的 23 个 CME 估计出 CME 的发生率为平均 0.5 个·天$^{-1}$。但 OSO-7 总共只观测到 23 个 CME, 因此样本数太少。Howard 等第一次对大样本的 CME 进行了研究, 他们对 1979 年 3 月到 1981 年 12 月 Solwind 观测的 988 个 CME 进行了分析研究, 得到 CME 的发生率为 1.8 个·天$^{-1}$, 且 CME 发生率与黑子数无明显相关性[83]。随后 Webb 和 Howard 综合了 Skylab, SMM 和 Solwind 观测的 CME, 并作了可见度的改正, 得到在极小年 CME 的发生率为平均每天 0.31~0.77 个, 极大年为平均每天 1.75~3.11 个[106]。Cliver 等也得到了类似的结果[107]。Gopalswamy 等分析了 SOHO/LASCO 在 1996~2003 年观测的 CME 事件, 对 CME 发生率进行了详尽的研究, 如图 4.9 所示, 得到从太阳活动极小年到太阳活动极大年, CME 的发生率从平均小于 1 个·天$^{-1}$ 变化到平均大于 6 个·天$^{-1}$, 在太阳活动极大年 CME 的发生率 (平均 6.09 个·天$^{-1}$) 比以前得到的 CME 的最大发生率 (平均 3.11 个·天$^{-1}$)

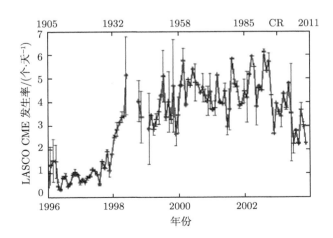

图 4.9 1996~2003 年在卡林顿自转周内 CME 的发生率 (每天) 随时间的变化。1998 年的 6~10 月和 1999 年的 1~2 月有两个数据缺口。卡林顿自转周标在上面[92]

高很多[92]。由于 LASCO 的灵敏度比以前的日冕仪要高，且视场也大得多，因此它能探测到更多的 CME，尽管如此，有些可能还是被漏掉。

4.2　与 CME 相关的太阳爆发现象

随着现代观测技术的发展和知识的积累，人们慢慢认识到太阳耀斑、爆发日珥和 CME 实际上是同一爆发过程中的不同部分，或者不同阶段，或者不同表现形式。但这并不意味着每一次爆发产生时，这三个部分都会出现。它们之间的关联不但取决于支持爆发的能量储备[108,109]，而且还依赖于产生爆发的磁场结构[108]。不过，目前我们可以肯定的是：支持太阳爆发的能量是事先储存在日冕磁场中的[110]，而且这几类爆发过程发生的基本物理机制是相同的[111]。

4.2.1　CME 与耀斑及耀斑理论模型

作为人类首次载入科学文献的太阳爆发现象[112,113]，太阳耀斑在人类对太阳爆发现象及其物理过程一百多年的观测和研究中，占据着主要地位，是太阳活动区物理研究的主线。从 20 世纪 60 年代，随着空间观测成为可能，人类对耀斑的本质有了更深入的认识[110]。

太阳耀斑是发生在太阳表面局部区域中突然和大规模的能量释放过程。持续时间为 $10^2 \sim 10^3$ s。耀斑的主要特征是 Hα 像上不断分开的耀斑带。通常，两条耀斑带相对分离速度在耀斑初相高达 100 km·s^{-1}，并且两条带分别位于纵向磁场中性线的两侧[114-118]，同时伴随着耀斑带分离的是耀斑环逐渐上升到日冕，而耀斑带位于耀斑环的足点[87]。如图 4.10 所示的是这种双带耀斑基本物理图像。随后，Hα、远紫外、软 X 射线观测也证实了这一基本图像。需要指出的是，这种含有电流片的磁场位形在太阳大气中是不稳定的，不可能长时间存在，而只能是随着大尺度磁场的爆发而形成图 4.11。通过对多普勒效应测量，Schmieder 发现耀斑环和耀斑带的运动不是实际的等离子运动，而是发生能量转换的区域不断转移到新的磁力线上造成的视觉效应[113]。高分辨的观测显示：较热的环嵌在较冷环的上面；Hα 看到的环是最冷的环，其足点在耀斑带的内侧；而最热的环是软 X 射线环，它的足点位于耀斑带的外侧。在观测中还发现另一个有趣的现象是：在耀斑爆发的过程中 Hα 冷环中有连续不断的物质落下。早期这种现象被解释成热日冕等离子体凝聚后下落。然而经粗略估计，下落的物质大概有 10^{16} g, 这几乎是整个日冕中的等离子质量[119]。因此把爆发过程中下落的物质解释为日冕物质凝聚是不能被接受的。而另外一种可能是在 Hα 波段不可见的热物质从色球层

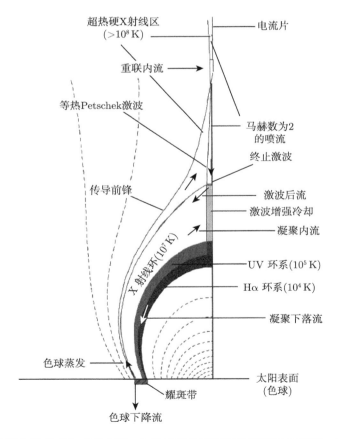

图 4.10　双带耀斑的磁场位形示意图，实线用于分开不同的等离子体区域。来自文献 [114]

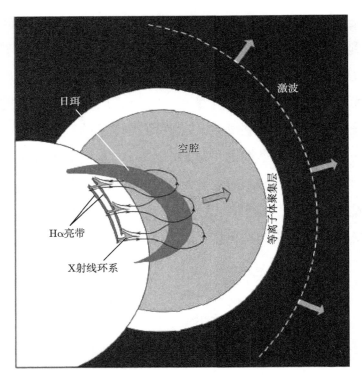

图 4.11　耀斑–爆发日珥–CME 过程的关键磁结构及其组成部分示意图[110]

蒸发至日冕[120-122] 来提供下落所需的物质。在蒸发过程中，色球物质被
高能粒子和沿磁力线从耀斑环上方的磁重联区传导到环足点的热量所加
热。磁力线重联能够释放足够的能量来解释观测到的等离子动能和辐射
能[123-126]。耀斑环上升和耀斑带分离可以解释为重联区域连续不断的向
上运动。Forbes 和 Malherbe[127] 指出色球物质沿磁力线蒸发然后进入耀
斑环。这一结论得到很多数值模拟工作的肯定[127-129]。

对 CME 与耀斑之间的关系，许多学者进行了大量的研究[130-132]。
在研究的早期，大多数人认为 CME 是由耀斑的强压力脉冲驱动的物质
抛射现象[133-135]。但是这种观点很快就被否定，因为 Harrison[136] 发现
CME 的起始时间早于耀斑的发生。最近的研究也表明 40% 的强耀斑 (大
于 M 级) 没有相应的 CME[137]，其中有 10% 的 X 级耀斑没有伴随的

CME[138]。反驳耀斑驱动 CME 的观点也随后演变成 CME 的爆发产生了耀斑发生的条件[139]。随着耀斑与 CME 因果关系的争论不断进行，似乎更多的人倾向认为 CME 与耀斑是耦合的过程，它们都是同一过程的不同层次的表现。Harrison 分析了 1986~1987 年期间由 SMM 记录的 151 个 CME，结果表明 CME 和耀斑之间紧密联系；但两者的性质特征没有明显的相关性，它们并非相互激发，而可能是日冕中同一物理过程的两种不同表现[140]。引起耀斑事件的一部分磁活动，可导致更大尺度磁结构的爆发。该研究结果为随后多人的研究所支持。Svestka 从另一角度来理解耀斑和 CME 的联系，他指出大部分 CME 开始于日冕暴，日冕暴是由闭合的磁力线沿视向磁场中心线打开而引起的现象[141]。这种磁力线的打开可以沿着日面上任何磁场结构不稳定区域的中心线。如果沿着活动区内的中心线，相关 CME 就会伴有色球耀斑的发生；反之，就没有伴生的耀斑。但是不管有没有耀斑发生，这两个过程以及日冕的变化是相同的。有耀斑伴生和无耀斑伴生的 CME 之间的差别仅在于场线打开区域的磁场强度不同，从而引起了两类 CME 在观测上的差异。他的观点也倾向于耀斑和 CME 是同一磁场结构变化引起的不同现象。Zhang 等[142] 研究了 CME 和耀斑之间的时间关系，得出的结论是 CME 的脉冲加速相和相伴生的 X 射线耀斑的上升相符合得很好。耀斑上升相持续几分钟到几十分钟，这是相应的 CME 随着软 X 射线流量的增加而开始加速直到耀斑的峰值时间。这些耀斑和 CME 之间关系的研究结果，倾向于说明 CME 及其相关的耀斑是同一磁结构不稳定引起的不同的活动现象。

4.2.2 CME 与爆发日珥

日珥/暗条是悬浮在高温日冕中的较冷和较密的物质，通常可用色球光学谱线或紫外波段谱线观测到。在日面边缘表现为明亮的突出物，称为日珥；当日珥投影到日面上时，表现出吸收特征，被称为暗条，为叙述方便，两者经常交替使用。

在观测到的 CME 三分量结构中，亮核很早就被人们认为是爆发的暗条[140]。人们自然地想到 CME 同爆发日珥关系密切。而从下面的统计数据来看，CME 与暗条爆发的相关性比与耀斑的相关性高。SOHO 的发射推动了 CME 相关性的研究，不断发现 CME 和爆发日珥相伴生现象。Gilbert 等分析了 1996 年 2 月到 1998 年 6 月期间的 54 个 Hα 事件，研究暗条活动与 CME 之间的关系[143]。他们把日珥分为两类：爆发日珥和活动日珥。爆发日珥是指全部或部分物质抛离太阳引力场的日珥。因此，爆发日珥一般都有很强的远离日面的径向运动。一些爆发日珥几乎把它们全部或大部分物质都抛离日面，另一些则将其中一小部分物质抛离日面，随后，这些被抛离的物质要么再回到日面上，要么回到并悬挂在抛离时的高度上。活动日珥是指在 Hα 观测中没有明显的物质抛离太阳引力场的日珥活动，其活动形式有多种，比较显著的运动是日珥物质先上升，然后又落回日面，或者上升后沿着日面做切向运动。Gilbert 等发现爆发日珥与 CME 的相关性要比活动日珥高得多[143]。其中 94% 的爆发日珥都伴生 CME，而只有 46% 的活动日珥和 CME 相关；反向的统计结果是 76% 的 CME 和爆发日珥有关，相关 CME 中有可见的致密核 (来自于日珥)；而只有 17% 的 CME 和活动日珥相关，当然也有可见的核物质。Gopalswamy 等利用微波观测日珥/暗条爆发，发现 73% 的日珥爆发伴有 CME，仅 16% 没有相关的 CME，剩下的与冕流的变化相关。他们还发现沿径向爆发的日珥易伴生 CME，而横向爆发的日珥则不容易伴生 CME[144]。Zhou 等分析了 197 个发生在太阳正面的 CME，他们发现 94% 的 CME 与爆发日珥相关[145]。现在有观点认为：日珥爆发不是产生 CME 的原因，它们可能是同一日冕大尺度磁场不稳定性的不同产物[146]。

4.3 CME 的伴生现象

CME 是日冕大尺度磁场平衡遭到破坏的产物,它代表着太阳磁场结构的大尺度重构会在短时间内从日冕抛射出大量的物质和磁通量进入行星际空间。这种爆发伴随很多观测现象,表现在不同的波段。这些伴生现象在很大程度上丰富了 CME 的研究内容,对它们的研究也为我们更深入地理解 CME 提供了很好的切入点。

4.3.1 莫尔顿波

大概六十年前,在一些太阳耀斑事件中,发现了 Hα 线翼扰动现象,这种扰动在色球层中的传播距离约是 5×10^5 km,并以 $500 \sim 2000$ km·s^{-1} 的速度在比较窄的角宽度内沿日面向外传播出去,平均速度是 1200 km·s^{-1},后来称这一波动现象为莫尔顿 (Moreton) 波[147],如图 4.12 所示。

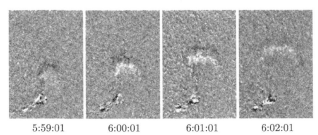

5:59:01　　　　6:00:01　　　　6:01:01　　　　6:02:01

图 4.12　四个时刻的 Hα+0.08 nm 较差像,显示莫尔顿波的传播。来自参考文献 [164]

一般在耀斑脉冲相附近,若用 Hα 谱线的紫翼进行偏带成像观测,有时可观测到弧形的明亮波峰从耀斑区向外传播,亮波峰在前,暗波峰在后;若用 Hα 红翼进行偏带成像观测,则可看到暗波峰在前,亮波峰在后的现象,而且这种波前可传播到 $5 \times 10^5 \sim 6 \times 10^5$ km 远的地方。因为这种波是用色球谱线观测到的,所以人们认为这是色球层的波,但是我们知道色球里面快模磁声波的速度仅为 100 km·s^{-1} 的量级,这就意味着这是马赫数比较高的强激波。可是，在稠密的色球层中，这种激波会急剧衰减，而不能传到很远的地方，这就与莫尔顿波能传播比较远的距离相矛盾了。为了解决这一问题，Uchida[148] 提出耀斑压力脉冲产生的快模波在日冕中传播，该波的波峰底部扫过色球层，在它所到之处压缩色球层使得物质先向下运动 (表现出 Hα 的红移)。波峰过后，压缩的色球层恢复，物质向上运动 (表现出 Hα 的蓝移)。由于日冕中快模波波速的量级是 1000 km·s^{-1}，所以莫尔顿波的快模波马赫数不大，这样该波就可以传播比较远的距离。因此，这一模型比较合理地解释了莫尔顿波这一观测现象。随后，Uchida 进一步指出在活动区产生的日冕快模波会陡变成快模激波，从而产生 II 型射电暴[149]。这一模型支持了 Kai 提出的莫尔顿波与 II 型射电暴有密切联系这一观点[150]。而且也支持了 Wild 等[151] 的看法，即莫尔顿波与 II 型射电暴有同一个源。但是，Uchida 等学者[148,149] 认为莫尔顿波源于耀斑压力导致的爆震波。最近，陈鹏飞等[153] 通过数值模拟指出，激发莫尔顿波的扰动源来自 CME，而不是耀斑本身，即 CME 爆发驱动的弓激波跨越整个 CME，并向下延伸到太阳表面，从而压缩色球层导致莫尔顿波的出现，如图 4.13 所示。

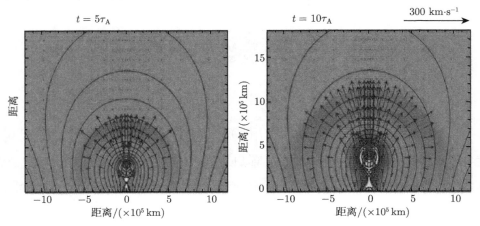

图 4.13 数值模拟磁绳爆发的演化过程，其中颜色代表密度，实线为磁力线，而箭头代表速度[153](后附彩图)

4.3.2 EIT 波

1997 年 5 月 12 日爆发了一个耀斑/晕状 CME 事件, 在 SOHO 卫星的极紫外成像望远镜 (EUV imaging telescope, EIT) 观测到耀斑环, 并在其他地方发现扰动的现象。Thompson 等[154] 把相邻两个时刻的图相减后, 发现一个几乎圆形的亮波前从耀斑区以 250 km·s^{-1} 的速度向外传播, 并且在波的后面有不断扩展的暗区, 如图 4.14 所示。这一类似于波动的现象, 由于最早被 EIT 望远镜观测到, 被称为 EIT 波[154,155]。随着进一步的研究发现, 当太阳表面的磁场结构简单时, 由 EIT 相减图可看到, EIT 波前几乎是圆形向外传播; 当太阳表面的磁场结构复杂时, EIT 波通常避开强的磁场 (如活动区) 和磁中性线, 并停止在冕洞边缘附近, 出现不均匀传播[156], 它也有可能停止在两个活动区的磁分隔面处[157]。Klassen 等[158] 的统计研究表明: EIT 波典型的速度是 170 ∼ 350 km·s^{-1}, 平均速度是 271 km·s^{-1}, 是莫尔顿波平均速度的 $\frac{1}{5} \sim \frac{1}{4}$。EIT 波的速度偶尔也会低到 80 km·s^{-1}[159]。EIT 波也可以在 Fe XII 195 Å 波段被观测到[154,160], 以及能在 Fe IX / X 171 Å[160] 和 Fe XV 284 Å[161] 波段被观测到。但是 TRACE 卫星中的过渡区谱线 Lyα 目前尚未观测到 EIT 波, 可能的原因之一是 EIT 波扰动在该谱线形成高度之上才明显; 原因之二是 TRACE 卫星的 Lyα 滤光器太宽, 谱线的贡献比连续谱的贡献小得多。

在 1997 年 9 月 24 日的一个耀斑事件中, Thompson 等[166] 在 EUV 波段和 Hα 波段发现了波的传播现象, 类似的事件最近也有报道[163]。由这类事件人们就联想到: EIT 波是否就是色球莫尔顿波的日冕对应物呢? 也就是日冕莫尔顿波, 其本质是日冕快磁声波[154]。目前关于 EIT 波的争议主要有以下几点: 一是 EIT 波是否是色球莫尔顿波的日冕对应物[158,162-171]; 二是 EIT 波是否是波[153,157,160,167,170,172-176], 如果是, 属于哪种类型的波[177]。另外一个就是关于 EIT 波的产生机制, EIT 波是由

CME 驱动的，还是由耀斑压力脉冲产生的爆震波[152,161,167,178-181]。在理论研究方面，Wang[172] 对 1997 年 5 月 12 日事件对应的磁图进行日冕势场外推，然后通过射线跟踪的半解析方法得出从耀斑区出发的快模波波前的传播与 EIT 波的观测符合得比较好。但是由于该磁图观测的分辨率很低，磁场被过度平滑，所以外推出来的日冕磁场太弱，导致得到的快波波速偏低。

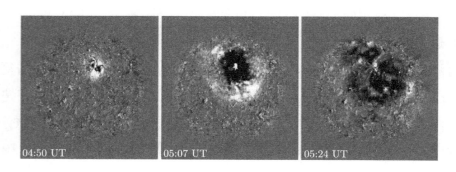

图 4.14　发生在 1997 年 5 月 12 日的耀斑/晕状 CME 事件由 SOHO/EIT 望远镜观测的 Fe
Ⅻ 19.5 nm 较差图像的演化[154]

目前快模波模型无法解释 EIT 波的以下特点：①EIT 波波速不到莫尔顿波速的 1/3；②EIT 波的波速有时可低至 50 km·s^{-1}，这比低日冕的声速还低好几倍，而我们知道快模波波速总比声速大；③EIT 波的波速与伴随的 Ⅱ 型射电暴的速度无相关性[158]，而莫尔顿波的速度与 Ⅱ 型射电暴的速度成正比[182]。对于第一点，吴式灿等[173] 及 Warmuth 等[163] 提出莫尔顿波主要在活动区附近被观测到，而 EIT 波则在宁静区被观测到，前者的磁场强，因而快模波的波速大，后者因磁场弱，所以快模波波速小。但是 Eto 等[164] 通过观测得出的结论是：莫尔顿波在远处的宁静区也没有加速。最近，Veroning 等[165] 的观测也得出相似的结果：在宁静区，莫尔顿波的速度也高达 900 km·s^{-1}，远比 EIT 波的波速大。因此，快模波的观点还不能解释上述几点。

关于 EIT 波的产生机制,目前有些学者认为 EIT 波是由耀斑压力脉冲产生的爆震波。但是,Cliver 等[181] 发现在 1997 年 3 月到 1998 年 6 月之间观测到的 EIT 波事件当中,与大约一半的事件相关的耀斑的软 X 射线辐射的强度在 C 级以下。很难想象如此弱的耀斑会产生全球尺度的波动现象。另一方面,EIT 波与 CME 的相关性则随着 CME 的速度和宽度增加。从这一观点出发,陈鹏飞[183] 分析了一些 SOHO 卫星的观测资料,发现:1997 年和 2005 年中的 14 个 X 和 M 级的无 CME 的耀斑都没有 EIT 波伴随,尤其在活动区 0720,在同一天内爆发的 5 个耀斑中,仅有 2 个有 CME 的耀斑事件中才出现了 EIT 波,故得出以下的结论:EIT 波是由 CME 驱动的,而不是耀斑的压力脉冲。

目前,对于 EIT 波的产生机制,还处于争论之中。Attrill 等[176] 最近提出一种观点,认为 CME 爆发时不断的磁重联导致 EIT 波的增亮。他们认为 CME 的膨胀是由于爆发的冕环不断与低日冕的磁环重联而不断增大,每次重联导致 EIT 波的增亮。但是在 CME 扩展的过程中,是否都能遇到适合磁重联发生的磁结构,以及磁重联是否都能及时地发生也是需要考虑的问题。运用数值模拟的方法,陈鹏飞等[153] 的结果显示向外抛射的磁绳驱动一个快模弓激波,如图 4.13 所示,红色部分就代表着快模弓激波。该弓激波跨越磁绳向下延伸,以略高于快模波的速度扫过太阳表面。他们提出这对应于日冕莫尔顿波;在该激波的后面可看到一个蓝色区域,其外边界处的等离子体密度微弱增加,并缓慢地向外扩展,他们认为密度增加的部分就是日冕 EIT 波,而在其后向外扩展的部分对应于日冕暗区。图 4.15 显示的是太阳表面密度水平分布 (仅模型区域的右半部分) 的演化,新时刻的分布叠加在前一个时刻上。这样,任何水平方向的波动在该图上表现为一条斜线。从该图我们可看到,随着时间的增长,有一个波动向右移动,这就是日冕莫尔顿波。这个模型表现了 CME 爆发后会在日冕中形成两个波动现象,快的就是日冕莫尔顿

波, 以略大于快波的波速传播, 在其后面出现的就是 EIT 波。由于目前
SOHO/EIT 望远镜的时间分辨率不够高, 故一时很难确定每个模型的正
确性。因此, 随着 STEREO 卫星的 SECCHI 极紫外望远镜高时间分辨
率观测的提高, 对 EIT 波的研究将得到进一步的深入, 进而也帮助我们
能更好地、更全面地了解 CME。

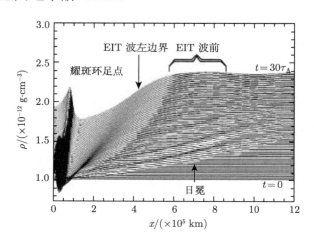

图 4.15 在模拟区域的底部物质密度沿水平分布的时间演化, 新时刻的分布层叠加在
老时刻上[153]

4.3.3 暗区

日冕暗区 (dimming) 现象与 CME 密切相关, 是 CME 在日面的一
个重要的日冕信号。日冕暗区在日冕图像上第一次被观测到[184] 是作为
快速密度损失或者 "日冕损耗"(coronal depletion) 而出现的, 在 Skylab
数据中作为软 X 射线辐射降低的区域, 被称为 "X 射线空洞"(X-ray
void)[185-187]。在 Skylab 卫星运行期间, Rust 等[185] 发现 X 射线冕环爆
发变成白光日冕仪观测到的日冕瞬变 (即 CME), 在 X 射线像上则出
现暗区。这种结构与高速太阳风的源区 —— 冕洞相似, 但寿命短得多,
所以被称为瞬现冕洞, 其中很可能出现瞬现的高速太阳风[187]。通过分析

Yohkoh 卫星的软 X 射线望远镜的资料, Hudson 等[188] 认为这种大面积的暗区是 CME 在软 X 射线波段的表征。

Zarro 等[188,190] 在分析一个 CME 事件的过程中发现, 在 CME 发生之前, 在耀斑区域观测到软 X 射线暗区, 这一暗区存在了几个小时, 其中最显著的日冕暗区位于耀斑前软 X 射线 Sigmoid 结构的根部附近。而 Sigmoid 结构在爆发过程中会消失掉, 留下耀斑后环和一个尖点结构。由于这类日冕暗区经常位于 Sigmoid 磁场结构中具有相反极性的两端, 因此常被称为双极性双子暗区 (double dimming)[191,192], 并且他们利用在 EIT 195 Å 波段的观测发现:EUV 暗区和 X 射线暗区出现时具有较同一的时空性, 如图 4.16 所示。这也证实了 Sterling 等[193] 的观点, 即 EUV 暗区和 X 射线暗区出现在相同的时间和相同的位置。这也进一步说明:日冕暗区是由于密度 (物质) 损耗而不是温度的降低产生的[154]。

大多数学者认为亏损的物质被抛射成 CME。这样, 就可以根据 X 射线的暗区间接地估计出 CME 的总质量。Hudson 等[188] 和 Sterling 等[193] 估计出物质的损失大约数倍于 10^{11} kg。最近, 姜云春等[194-196] 首次在 Hα 像中也发现了双子暗区, 即 Hα 暗化现象。因为他们发现日冕暗区与 Hα 暗化现象有关, 而且这种 Hα 暗化现象无论从位置、形态还是演化上都与日冕暗化十分相似, 似乎就是日冕暗化区域在色球层上的光学对应物。Hα 暗化出现在暗条爆发过程中, 并且与 TRACE 171 Å 暗区有相同的形态演化, 还对应有 EIT 195 Å 暗区和 282 Å 暗区的出现。Hα 暗化现象提供了这样的结论:CME 的物质一方面来自于爆发磁流绳本身, 另一方面可能来自于 Hα 暗化区域所损失的物质。但是有关 Hα 暗化的研究才刚刚开始, 许多令人疑惑的问题还有待于进一步的研究。

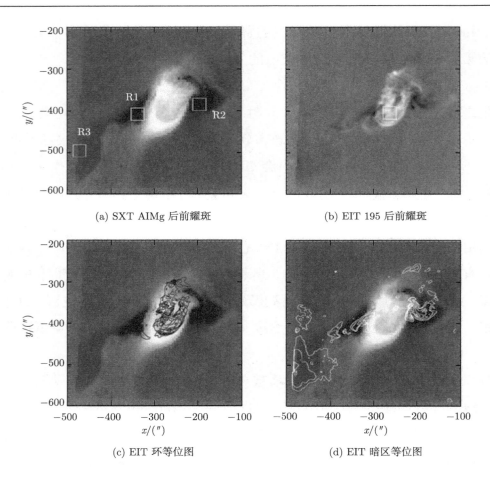

(a) SXT AIMg 后前耀斑　　　　　　　　　(b) EIT 195 后前耀斑

(c) EIT 环等位图　　　　　　　　　　　(d) EIT 暗区等位图

图 4.16　(a) 经过太阳较差转动改正的耀斑后的 SXT 图像减去耀斑前的 SXT 图像。两个 SXT 暗区 (R1 和 R2) 对角地位于亮尖角环结构的两边。第三个小的显著日冕暗区 (R3) 位于 R1 的东南。(b) 经过太阳较差转动改正的耀斑后的 EIT 图像减去耀斑前的 EIT 图像。两个 EUV 暗区对角地位于 EUV 环的两边，跟 SXR 暗区 R1 和 R2 对应得很好。第三个 EUV 暗区明显地位于 SXR 暗区 R3 附近。(c)EIT 相减像的正的强度等高线叠加到 SXT 相减像上。EUV 环被 SXR 尖点环辐射所包围。(d)EIT 相减像的负的强度等高线叠加到 SXR 相减像上。EUV 暗区跟 SXR 暗区符合得比较好[189,190]

　　SOHO 卫星发射后，Thompson 等[154] 在处理 EIT 望远镜资料时发现了另外一种紧随 EIT 波并不断向外扩展的日冕暗区，如图 4.14 所示，它自活动区不断往外扩展，有时可跨越整个日面，所以称作扩展暗区，其寿命约为数小时。同样由于扩展暗区的形成时标短于辐射时标，以及扩展暗区能被不同温度下的谱线所观测到，所以研究者认为它源于 CME 过程中的物质抛射[154]。对于扩展暗区，它的形成比较公认的是 CME 的爆发过程中闭合磁力线的打开[153]。而对于双子暗区，Nitta 等[197] 认为是磁重联的入流导致的双子暗区，因为磁重联发生时，重联入流提供物质到重联出流，进而导致物质密度降低。

综上所述，我们主要讨论了跟 CME 有关的几种暗区现象，它们是日冕图像上突然出现变暗的现象，这主要是由密度的降低而引起的，它们跟 CME 有着密切的联系，被认证为 CME 在日面上的表征。对于它们产生的机制，我们给出了目前存在的可能解释，但是具体是哪些机制导致了暗区的出现以及它们与 CME 的具体关系是什么，还需进一步的研究。

4.3.4 太阳射电爆发现象

观测表明，有几种太阳射电爆发现象常与 CME 一起被观测到，因而对射电爆发的研究不仅能提供重要的物理信息，而且对探讨 CME 的起源和丰富 CME 的图像也是很重要的[198]。在太阳的射电爆发中，与 CME 联系密切的当属 II 型射电暴[146]。

II 型射电暴的典型特点是较窄频段的射电辐射缓慢地向低频漂移，在动态频谱图上表现为大致平行的两条亮带，一条对应于基频信号，而另外一条则来自于倍频，如图 4.17 所示。基频亮带的平均起始频率在 (161 ± 71) MHz，在米波段该漂移速度约为 1 MHz·s^{-1}。一般认为它是由暴源处加速约 10 keV 的电子激发的局部等离子体发生的辐射。进而根据日冕的密度模型可以计算出暴源以 1000 km·s^{-1} 量级的速度往上运动，这恰好与快模磁声波的传播速度相当，所以认为这些电子是被快模激波加速的，而当激波传播到行星际空间后就产生了行星际 II 型射电暴。II 型射电暴一般发生在以下一个或多个射电波段: 米波段 (大约在两个太阳半径内); DH(10~100 m) 波段; 千米波段 (此波段相对比较接近地球)。

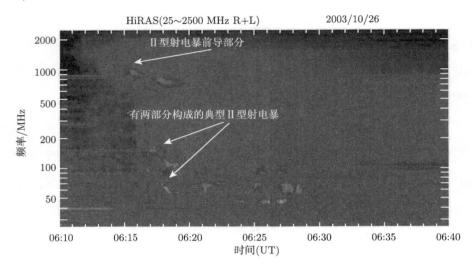

图 4.17　由 HiRAS 在 2003 年 10 月 26 号观测到的动态频谱图[229]

目前, 关于太阳 II 型射电暴的特征和性质主要存在着以下争论[199]: 一是太阳日冕激波产生的根源[200,201]; 二是日冕激波与行星际激波的关系[202-205]; 三是 II 型射电暴与 CME、太阳耀斑之间的关系[200,206-208]。Cane[209] 在 1983 年给出了日冕激波与行星际激波存在的证据。Gopalswamy 等[202-204] 提出了存在着两种不同触发机制激波的观点: 一种是由耀斑触发的激波; 另一种是由 CME 驱动的激波。目前对于行星际激波, 大多数人都认为是与 CME 有关的。因为早就有一些观测结果表明 CME 可以产生行星际激波[210-212]。Sheeley 等[213] 通过对比 Helios 和 Solwind 的资料发现大约有 70% 的行星际激波与 CME 有关。这些迹象似乎说明产生行星际 II 型射电暴的 CME 大多数是快速 ($\geqslant 1000$ km·s^{-1}) 和大角度 ($\geqslant 60°$) 的[104,214,215]。图 4.18 给出了快而宽的 CME, M 和 X 级耀斑、大的太阳高能粒子事件、DH II 型射电暴以及行星际激波数目随太

阳活动周 (以卡林顿自转周为单位) 的变化。对此图要说明的一点就是，图上的耀斑数已乘以 0.2，因为耀斑数比其他几种活动现象的数目都大得多，且与其他事件明显不同。由图可看出：DH II 型射电暴同快而宽的 CME 及太阳高能粒子事件有很好的对应关系。因此，可能是 CME 驱动的同一个激波加速了电子和离子，进而分别产生了 DH II 型射电暴和太阳高能粒子事件。但是日冕激波与耀斑和 CME 的具体相关性目前尚不清楚。两类不同触发机制日冕激波的提议最早是由 Maxwell 和 Dryer 在 1982 年提出的[216]。随后出现的一些观测统计分析结果[200,204,216,218,219] 要么支持耀斑压力脉冲激发的爆震波理论，要么支持 CME 驱动的弓激波理论。

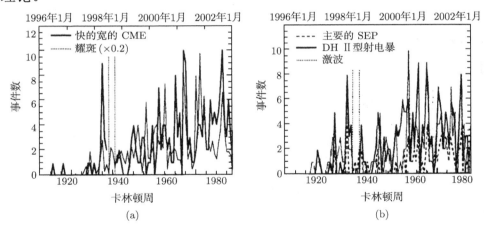

图 4.18 快而宽的 CME，M 和 X 级耀斑 (a)、强太阳质子事件、DH II 型暴及行星际激波事件随太阳活动周的变化，其中事件数指一个卡林顿周之内发生的数目，耀斑数乘了因子 0.2[215]

而对于米波 II 型射电暴，早期普遍认为，包括目前也有人认为是由耀斑发生时对应的能量快速释放产生的爆震波所激发的[220-223]。原因之一是行星际 II 型暴的频漂速率与米波 II 型暴的频漂速率不同[104,212]，原因之二是观测中发现存在着只有耀斑对应的 II 型射电暴，也发现与耀斑/CME 伴随的 II 型射电暴[199,224]。但是与此观点不同的是，Cliver

等[200] 在观测方面指出米波 II 型射电暴对应的激波很可能也是由 CME 产生的。SOHO/UVCS 望远镜也观测到在 $1.5 \sim 3.5 R_\odot$ 处由 CME 驱动的激波以及相应的 II 型射电暴[225,226]。最近，Cliver 等[227] 仔细地分析了 1997 年 11 月的六个太阳活动事件，进而来研究米波 II 型射电暴产生的机制。他们发现在米波 II 型射电暴爆发前的 $1 \sim 3$ min，这六个 CME 都经历了快速加速的过程，而这与以前的观测结果：CME 的爆发时间比米波 II 型射电暴早了 $25 \sim 45$ min，是截然不同的。他们进而得到结论：米波 II 型射电暴是由 CME 驱动的激波产生的。唐玉华等[228] 的研究结果表明，速度很大的 CME 产生的激波既可以在行星际，也可以在日冕中。最近，林隽等[229] 从理论上研究了由 CME 驱动激波而形成的相应 II 型射电暴的性质，他们的结论是：II 型射电暴是由 CME 驱动的激波产生的，其初始频率和初始高度则依赖于当时当地的磁声波速度，而此速度又取决于当时当地的磁场强度和等离子体的密度，进而说明 II 型射电暴不可能发生在任何高度处，也不可能是由耀斑产生的。

在观测中，还发现了另外一个有趣现象，在日冕区同时存在两类 II 型射电暴[230,231]，一个在米波附近出现，另一个在 10 m 波开始并以比较稳定的速度漂移到更长的波段。Magara 等[232] 通过数值模拟指出在 CME 爆发过程中，除了在磁绳的上方会出现弓激波外，在磁绳的下边还有由于磁重联轰击而产生的另外一个反向激波，该反向激波对应于观测中发现的那个在米波附近出现的波。但是另外有观点认为[214,233,234]，两类不同高度和速度的 II 型射电暴都起源于 CME 驱动的弓激波，只是较高处的 II 型暴对应弓激波的顶部，较低处的射电暴对应于 CME 的侧部。

4.4   主要太阳爆发模型简介

由前面的内容，我们知道太阳耀斑、爆发日珥和 CME 是同一个太阳爆发过程中的不同表现形式, 所以在本节中, 我们就不再把耀斑模型、爆发日珥模型和 CME 模型区分开来。

太阳爆发的主要特征是: 在仅仅几十分钟的时间内释放出大量的能量, 最大的功率可以达到 10^{23} J·s^{-1}。现在我们知道这些能量来自于日冕磁场。因为日冕本身不会产生能量, 所以其中的能量只能从光球以及光球以下的对流层传输上来。因此, 围绕着能量是如何传输到日冕层的并且又是如何引起大规模爆发的这些问题, 一直存在着以下的争论: 是在某一时刻光球层发生了一些不可知的过程, 而将大量的能量送入日冕并引起爆发, 还是由于日冕磁场在光球中的根系随着光球物质的缓慢运动而牵动日冕部分的磁场使其受压变形, 最终将能量缓慢而持续地存入日冕? 当日冕磁场的变形达到并且超过极限后, 磁场本身或周围的扰动就可能使原先的平衡被破坏而将储存的能量突然快速地释放出来。前面的第一个观点是发电机模型的典型表现, 而后一个观点则是能量储存模型的特征。随着观测精度的提高和观测资料的增加以及理论研究的不断深入, 发电机模型已逐渐被大家所放弃, 尤其是对于那些相伴与快速加速的 CME 而言, 发电机模型完全被看作是不可能的模型[235-238]。而能量储存模型则逐渐显示出它的合理性[110]。能量储存模型最大的优点在于无论对支撑爆发的能量来源还是对爆发过程本身都是以普遍认可的观测事实作为依据的, 以最基本的物理原理作为准则来描述演化的全过程。除了做一些必要的数学简化和对不同的物理因素有所侧重, 能量储存模型的物理图像非常清晰。

根据所研究的问题的不同, 或者对问题的侧重点不同, 我们将能量储存模型分为四类[240]。第一类是非无力场模型, 重力和气体压力在能量存储和爆发触发中起重要作用。第二类是理想磁流体动力学模型, 它试着在无力场模型的基础上用理想磁流体动力学过程来解释爆发现象。第三类是耗散磁流体动力学模型。第四类是理想–非理想混合模型。

4.4.1　非无力场模型

在这类模型中，重力和气体压力在能量存储和爆发触发中起重要作用。Low[241] 认为宁静日珥 (以磁通量绳来表示) 的重量使磁场得以保持其形状和位置，这非常像是放一重物在弹簧顶部[242]。日珥的重量就像是一个盖子压在闭合的磁场上，让闭合的磁场可以储存多于开放场的能量，当盖子突然被移开时，磁场就像弹簧一样被弹开。Forbes[240] 估计重力能使储存的磁能增加 10%。与重力不同，对于足够大的气体压力梯度，气压本身就能将磁场和物质推出去。这类模型的主要困难是：总是要面对日冕中的气压和重力很难超越磁压的事实[240]。唯一可解决的办法就是假定较弱的磁场[110]。

4.4.2　理想磁流体动力学模型

这类模型建立在理想磁流体动力学的基础上，在演化过程中，磁重联被禁止。由于 Aly-Sturrock 佯谬的限制，在这类模型所涉及的磁结构中，要在爆发初期将闭合的磁场完全打开而产生真正意义的爆发过程是不可取的。但是如果假定在爆发时只有部分闭合场打开则似乎可行[244]，因为 Wolfson 等[245] 发现：对于同样的边界条件，部分开放的磁场中储存的能量低于全封闭场中的能量。但是，用此办法不能确定不借助磁重联一个闭合的场是否可以演化为开放场。因此，是否只需要借助理想磁流体动力学平衡的丧失就能从闭合场获得部分开放场目前尚不清楚[240]。

4.4.3　耗散磁流体动力学模型和混合模型

三种引入耗散过程的典型磁流体动力学模型是：剪切磁拱模型、爆破模型和磁通量绳灾变模型。

剪切磁拱模型，如图 4.19 所示，磁场位形只包括一组具有无力场性质的简单连接磁拱。它的自由能 (超出势能的那部分能量) 随着磁拱足点

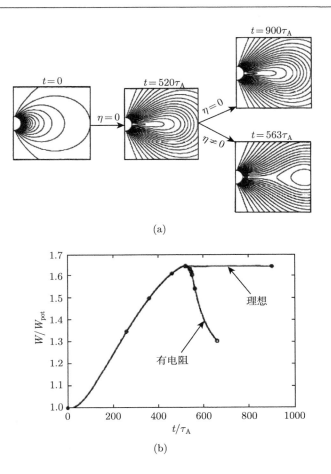

(a)

(b)

图 4.19 (a) 太阳南北两半球相向运动导致轴对称磁拱系的剪切和演化。在开始时刻 $t = 0$,磁拱为偶极势场,演化到 $t = 520\tau_A$ 成为无力场。这里 τ_A 是系统的阿尔文时标。在理想磁流体动力学的环境中,剪切到 $126°$ 时,磁拱演化为开放场,但系统仍然处于平衡态。然而当系统中的电阻率不为零时,系统在 $t = 563\tau_A$ 时失去平衡而产生爆发。(b) 上述演化过程中系统的总能量 (以势场能量为单位) 随时间的变化[247]

的剪切运动而持续增加,磁拱也同时向上膨胀以保持平衡。当磁拱上升到一定高度时,电流片开始形成。在没有耗散的情况下,即使磁拱的足点运动到无穷远,系统中储存的能量达到无穷大,整个系统也始终处于平衡状态[246-248]。处于稳定平衡的简单连接磁拱不会由于足点运动而产生耀斑和 CME 那样的爆发[249]。不过，只要电流片中出现像磁重联这样的耗散机制，上述处于平衡态的磁位形就会失去平衡而爆发。

爆破模型实际上是由剪切磁拱模型演化而来的，同样需要磁重联来触发爆发过程[250]。与剪切磁拱模型不同的是这类模型中的磁场具有球对称性的磁四极结构，而不是偶极结构，如图 4.20 所示，当中间的磁拱发生剪切时，这部分磁拱上升并挤压上方的 X 型中性线，在磁拱顶部形成一个弯曲而水平的电流片。如果气体压力或电阻率可被忽略，电流片则是无限薄的电流片，并且它限制着中心磁拱继续上升。Antiochos 等[250]发现，一旦气压和磁重联相互作用，在 X 型中性线进行的磁重联会发生一个由慢到快的跃迁。由于气压的存在，电流片具有有限的厚度，但在下面剪切的磁拱挤压下，它的厚度变得很薄。最后，撕裂模不稳定性引起快速磁重联。Antiochos 等[250] 的模型也严格证明了储存在闭合场中的能量高于部分开放场中的能量。因此，从闭合场到部分开放场的跃迁是可能的。

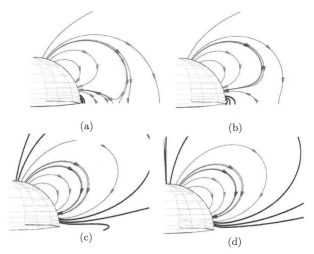

(a)

(b)

(c)

(d)

图 4.20　爆破模型磁场位形的 1/4，磁场关于转动轴和赤道对称；(a)、(b)、(c)、(d) 分别表示低层磁场线剪切 $\pi/8$、$\pi/4$、$3\pi/8$、$\pi/2$ 的无力场位形；低层剪切的磁拱与上层磁拱发生磁重联使多重磁通量系统被打开[250]

　　磁通量绳灾变模型的基本磁场结构是一个包含有载流磁通量绳或磁通量管的无力场。与前面讨论的磁拱位形不同，它包含有不与边界相连的磁力线。这一模型的基本物理思想最初由 van Tend 和 Kuperus[251,252] 提出：日珥或暗条用一根无限细的载流导线来描述，当作用在载流暗条的磁压力和磁张力相互抵消时，暗条便处于平衡状态；其中，磁压力由处于暗条和光球表面之间的那些磁力线产生，而磁张力则由绕过暗条上部而足点位于光球当中的那些磁力线提供。大多数情况下，平衡是稳定的，但当暗条中电流增加时，暗条的平衡位置也逐渐升高，直到电流超过阈值，平衡由稳定变为不稳定。最后，系统失去平衡而将暗条迅速抛出。这一模型描述了爆发产生时，相关磁结构如何从慢时标演化进入快时标 (几十分钟) 演化的主要特征。

　　Sturrock[253] 第一次提出磁场位形突然失去平衡导致耀斑爆发的灾变概念。这篇开创性的工作给出了灾变过程一般性的讨论，但没有应用到任何具体的磁场位形上。20 世纪 70 年代后期，有关日冕磁场的灾变定量研究才渐渐开始。几乎同时有两个工作小组从不同的角度来研究日冕磁场的灾变行为。其中一组研究剪切磁拱的演化[254-256]，通过改变控制参数 λ 来准静态地演化磁场位形。另一组用日冕中一个通电导线模拟日珥[251,252]，通过改变导线中的电流来演化磁场。随着标准灾变理论的数学描述趋于完善，Forbes 和 Isenberg[257] 把 van Tend 和 Kuperus 的载流导线模型发展成磁通量绳模型。van Tend 和 Kuperus 最初无限细的载流导线被具有有限截面半径的载流磁通量绳代替，而原先作为系统演化起因的日珥电流变化也由光球背景磁场的变化代替。Forbes 和 Isenberg 模型中的背景磁场由一个埋在光球下面的偶极子产生。将日冕等离子体看作理想导体来处理。由于数学上的困难，随后的一系列研究都是在理想磁流体动力学框架下进行的。因为没有耗散，所以即使磁结构的演化会出现灾变，进一步的发展仍无法继续进行下去。

随着在数学应用上的突破，Lin 和 Forbes[258,259] 对磁通量绳模型的研究取得了重大进展。他们研究了由灾变过程驱动磁通量绳逃逸而形成 CME 的过程，以及由磁通量绳的运动反过来影响磁重联的过程。林隽等采用 Forbes 和 Priest 研究过的磁位形为出发点[236]。在这个磁位形中，光球背景磁场由两个位于光球表面的相反极性的点状磁源产生。当两个点源互相靠近时，磁通量绳就会缓慢下降。系统在失去平衡之前，在这个具体的磁场结构中没有电流片出现。电流片在灾变中发生，磁通量绳在向上运动的过程中形成。在理想磁流体动力学情况下，电流片的下端总是与光球表面相连，系统中的磁张力将最终阻止系统的进一步演化和磁通量绳的逃逸，因而不会产生 CME。但当引入耗散机制后，磁重联将使电流片的下端脱离光球边界面。此时磁张力受到很大的削弱，磁通量绳就会容易地逃逸出来而形成 CME。林隽等选择了适当的边界条件，计算表明，演化过程由磁重联率 M_A 决定，M_A 的合理范围是 $0 < M_A < 1$。在更加接近实际的日冕大气中，当 $M_A > 0.013$ 时，磁通量绳逃逸，即灾变就可能发展为 CME，但由于与电流片同步增长的磁张力可能一度变得很强而使磁通量绳的逃逸经历一段时间的减速。但当 $M_A > 0.034$ 时，磁重联就能足够快地将电流片耗散掉而使磁通量绳的逃逸不必经历减速的阶段[166]。另外，Lin 等[261] 还通过灾变模型研究了在 CME 的爆发过程中，通过磁重联方式把等离子体和磁通量抛到行星际空间的过程。

第5章 光球磁场变化对日冕磁位形演化影响的数值研究

5.1 摘 要

当 CME 发生时，在很短时间内，CME 会把携带的巨大能量、大量射线以及高能粒子抛到行星际空间，对空间天气造成强烈扰动。因此对 CME 的预报已成为与人们日常生活息息相关的一部分。为了找出 CME 的预报因子，我们使用数值模拟的方法研究了其爆发前的系统演化，主要针对光球背景场磁场强度对整个系统演化的影响。因为日冕中磁结构的演化是由光球背景场控制的，因此我们以能够描述光球背景状态的参数为基本参数，以参数的变化为基本依据来考察整个系统的演化。这个工作的主要目标是，光球背景场磁场强度对日冕磁结构演化的影响。在一个接近实际的等离子环境中，通过一系列的数值实验，调查磁通量绳(用于描述悬浮于日冕中的日珥或暗条) 的平衡高度以及其内部的平衡演化。我们发现磁绳的平衡高度与背景场的相对强度呈近似幂函数分布；背景场磁场强度越小，磁绳越易逃逸出去，我们的数值结果进一步证实了背景场衰减触发 CME 这一理论结果。我们还发现，磁绳内部达到平衡的快慢受控于磁绳的初始状态，如果磁绳初始高度处于理论平衡曲线上，磁绳内部很快就会到达平衡。另外我们的数值结果还发现，磁绳初始半径的大小也会对磁绳的逃逸产生影响，半径越大，越易逃逸，这表明暗条半径的大小对太阳爆发的预报工作具有一定的参考价值。

5.2　介　　绍

发生在太阳大气中的爆发现象, 比如太阳耀斑、爆发日珥以及 CME, 是太阳系中最剧烈的能量释放过程。一次大的爆发常常释放出 10^{25} J 的能量, 并抛射超过 10^{16} g 的等离子体物质到行星际空间, 这样的爆发过程如果是发生在太阳朝向地球的一面, 就可能对地球周围的空间环境造成强烈扰动, 影响人类的卫星通信、电力等现代化技术系统, 并对现代社会和日常生活带来巨大影响。因此, 预报太阳爆发, 对人类生活和现代化社会的实际意义也变得越来越明显。

太阳爆发的主要特征在于其突发性: 在短时间 (几十分钟) 内释放出极大的能量, 这些能量来自于日冕中的磁场, 而日冕本身不会产生能量, 其中能量最终只能是从光球以及光球以下的对流层传输上来。日冕磁场在光球中的根系随着光球物质的缓慢运动而牵动日冕部分的磁场使其受压变形, 最终将能量缓慢而持续地存入日冕中。当日冕磁场的变形达到并超过极限后, 磁场本身或周围的扰动就可能破坏原先的平衡而将储存的能量突然快速地释放出来。爆发产生时, 相关磁结构从慢时标 (1~2 天) 演化进入快时标 (几十分钟) 演化, 即灾变过程[262-266]。

Isenberg 等[263] 和 Lin 等[267] 通过解析分析的方法, 研究了背景场的衰减触发 CME 模型。Isenberg 等[263] 发现, 背景场的逐渐衰减能导致磁绳的运动状态发生改变, 即从一种状态跃变成另一种状态。而 Lin 等[267] 把这一工作作了深化, 考虑在球坐标下背景场对磁绳演化的影响。背景场的衰减经常是由磁耗散引起的, 而磁耗散能导致磁绳的形成和爆发[268]。Wang 等[269] 和 Mei 等[270] 数值研究了磁绳的演化过程, 但这两个工作中选用的背景场的等离子体密度分布与实际密度分布不太贴近, 而且这两个工作的研究重点是磁绳逃逸后伴随的扰动现象, 因此对磁绳逃逸前演化过程的研究不是很全面和详细, 而这个正是我们开展光球磁场对日冕磁位形影响研究的重点。

我们在 Forbes[271] 和 Wang 等[269] 工作的基础上，在一个与实际贴近的等离子环境中，通过一系列的数值实验，研究了背景场磁场强度的变化对磁绳的动力学演化和系统磁场结构的演化带来的影响，并数值考察了暗条半径大小对演化带来的变化。本工作能使我们更准确地理解太阳爆发机制，并对太阳爆发现象的预报起到积极的作用。5.3 节描述了物理模型及计算公式，5.4 节展示了计算结果，5.5 节给出了讨论和总结。

5.3 物理模型及计算公式简介

计算针对一个位于 x-y 上半平面的磁场结构进行。在这个结构当中包含一个带电流的无限长的磁通量绳 (用于描述悬浮于日冕当中的日珥或暗条)。在我们选定的坐标系中，下边界 $y = 0$ 代表光球表面，而 $y > 0$ 则代表色球和日冕 (图 5.4)。在任何时候，包含无力场的磁通量绳位于 y 轴上高度为 h 的位置。磁绳不存在时的背景场由一个位于光球表面以下的线形磁偶极子产生。由于对称性，磁绳总是沿着 y 轴运动。下面的工作可以认为是 Forbes[271] 和 Wang 等[269] 的工作的延伸。在直角坐标系下，对下面的二维磁流体动力学方程组进行求解：

$$
\begin{aligned}
&\frac{\mathrm{D}\rho}{\mathrm{D}t} + \rho \nabla \cdot \boldsymbol{v} = 0, \\
&\rho \frac{\mathrm{D}\boldsymbol{v}}{\mathrm{D}t} = -\nabla p + \frac{1}{c}\boldsymbol{J} \times \boldsymbol{B} + \rho \frac{GM_\odot}{(R_\odot + y)^2}, \\
&\rho \frac{\mathrm{D}}{\mathrm{D}t}(e/\rho) = -p\nabla \cdot \boldsymbol{v}, \\
&\frac{\partial \boldsymbol{B}}{\partial t} = \nabla \times (\boldsymbol{v} \times \boldsymbol{B}), \\
&\boldsymbol{J} = \frac{c}{4\pi}\nabla \times \boldsymbol{B}, \\
&p = (\gamma - 1)e, \\
&p = \rho k T/m_p,
\end{aligned}
\tag{5.1}
$$

其中，$\boldsymbol{B},\boldsymbol{J},\rho,\boldsymbol{v},p,e,\gamma$ 分别是磁场强度、电流密度、质量密度、速度、压强、内能密度和比热比。我们用 ZEUS-2D 程序对上面的方程组进行求解。关于该程序，已在第 2 章中作了比较详细的描述。在此数值实验中，未考虑辐射机制和旋转效应。

初始条件的选择具体如下所示：

$$B_x = B_\phi(R_-)(y-h_0)/R_- - B_\phi(R_+)(y+h_0)/R_+$$
$$-B_\phi(r+\Delta/2)Md(r+\Delta/2)[x^2-(y+d)^2]/R_d^4, \qquad (5.2)$$
$$B_y = -B_\phi(R_-)x/R_- + B_\phi(R_+)x/R_+$$
$$-B_\phi(r+\Delta/2)Md(r+\Delta/2)2x(y+d)/R_d^4, \qquad (5.3)$$

其中，

$$R_\pm^2 = x^2 + (y\pm h_0)^2,$$
$$R_d^2 = x^2 + (y+d)^2,$$

$$B_\phi(R) = -\frac{2\pi}{c}j_0 R, \quad 0\leqslant R\leqslant r-\Delta/2,$$
$$B_\phi(R) = -\frac{2\pi j_0}{cR}\left\{\frac{1}{2}\left(r-\frac{\Delta}{2}\right)^2-\left(\frac{\Delta}{\pi}\right)^2\right.$$
$$+\frac{1}{2}R^2+\frac{\Delta R}{\pi}\sin\left[\frac{\pi}{\Delta}\left(R-r+\frac{\Delta}{2}\right)\right]$$
$$\left.+\left(\frac{\Delta}{\pi}\right)^2\cos\left[\frac{\pi}{\Delta}\left(R-r+\frac{\Delta}{2}\right)\right]\right\},$$
$$r-\Delta/2 < R < r+\Delta/2, \qquad (5.4)$$

$$B_\phi(R) = -\frac{2\pi j_0}{cR}\left[r^2+(\Delta/2)^2-2(\Delta/\pi)^2\right], \quad r+\Delta/2\leqslant R<\infty,$$
$$j(R) = j_0, \quad 0\leqslant R\leqslant r-\Delta/2,$$
$$j(R) = \frac{j_0}{2}\cos[\pi(R-r+\Delta/2)/\Delta]+1, \quad r-\Delta/2 < R < r+\Delta/2,$$
$$j(R) = 0, \quad r+\Delta/2\leqslant R<\infty.$$

对于初始的背景等离子体密度分布, 在 Wang 等[269] 和 Mei 等[270] 的工作中, 背景等离子体密度随离太阳表面高度的增加而趋于一个常数, 显然这是不现实的。因此, 在我们这个工作中, 对此作了改进, 采用了贴近实际的 S&G 大气密度模型[272]。在 S&G 模型中, 等离子体密度随离太阳表面高度的二次方反比趋于零。具体表达式如下:

$$\rho_0(y) = \rho_{00} f(y),$$

$$f(y) = a_1 z^2(y) \mathrm{e}^{a_2 z(y)} [1 + a_3 z(y) + a_4 z^2(y) + a_5 z^3(y)], \quad (5.5)$$

$$z(y) = \frac{R_\odot}{R_\odot + y},$$

其中, $\rho_{00} = 1.672 \times 10^{-13}$ g·cm^{-3}, $a_1 = 0.001292$, $a_2 = 4.8039$, $a_3 = 0.29696$, $a_4 = -7.1743$, $a_5 = 12.321$; y 表示的是距离太阳表面的高度。

对背景场而言, 压力梯度力与重力是平衡的, 即

$$\nabla p_0(y) = -\rho_0(y) \frac{GM_\odot}{(R_\odot + y)^2}. \quad (5.6)$$

因此, 由方程 (5.5) 和方程 (5.6), 我们可以得到初始背景的压强分布 $p_0(y)$。由下面方程可以得到初始的温度分布 $T_0(y)$:

$$p_0(y) = \frac{\rho_0(y)}{m_p} k T_0(y), \quad (5.7)$$

其中, k 是玻尔兹曼常量。

因为初始的总压强包含气压和磁压, 所以由方程 (5.6), 我们可得到初始的压强分布和密度分布:

$$p = p_0 - \int_{R_-}^{\infty} B_\phi(R) j(R) \mathrm{d}R,$$

$$\rho = \rho_0 (p/p_0)^{1/\gamma}. \quad (5.8)$$

计算区域的大小是 $(-4L, 4L) \times (0, 8L)$, 其中, $L = 10^5$ km, 格点数是 800×800。底部的边界是物理边界, 其余边界是自由边界, 即磁场和等离子体可以在这些边界上自由出入。初始参数的取值参见表 5.1。

表 5.1　数值实验中一些初始参数的取值

$\rho_{00} = 1.672 \times 10^{-13}$ g·cm^{-3}	$T_{00} = 10^6$ K	$j_{00} = 1200$ A·cm^{-2}	$\gamma = 5/3$

5.4　计 算 结 果

本节给出了数值模拟的计算结果。为了更全面和详细地理解不同情况下系统的演化过程，我们利用 Forbes[271]的方法，总共做了 18 个数值实验，其中算例 1 和算例 9，磁绳处于平衡态，而剩余的算例中，磁绳处于非平衡态，见表 5.2。

表 5.2　不同的实验中，初始参数的不同取值情况

算例	M	d/km	h_0/d	r_0/d	r_0/Δ
1	2.25	0.125×10^5	0.5	0.2	2
2	1	0.125×10^5	0.5	0.2	2
3	1	1×10^5	0.125	0.03	2
4	1	1×10^5	0.125	0.05	2
5	2	1×10^5	0.125	0.05	2
6	3	1×10^5	0.125	0.05	2
7	4	1×10^5	0.125	0.05	2
8	5	1×10^5	0.125	0.05	2
9	5.06	1×10^5	0.125	0.05	2
10	5.25	1×10^5	0.125	0.05	2
11	5.5	1×10^5	0.125	0.05	2
12	5.75	1×10^5	0.125	0.05	2
13	6	1×10^5	0.125	0.05	2
14	6.5	1×10^5	0.125	0.05	2
15	0	0.625×10^4	2	0.8	2
16	1	0.625×10^4	2	0.8	2
17	1.5	0.625×10^4	2	0.8	2
18	2	0.625×10^4	2	0.8	2

5.4.1　背景场相对强度与磁绳平衡高度的关系

图 5.1 给出的是针对算例 4~算例 12，磁绳的最终高度随偶极场相对强度 M 变化的关系图。图中实点代表的是磁绳最终的高度，虚线

代表着磁绳的初始高度 $h/d = 0.125$，实线代表的是拟合出来的幂函数 $h/d = 10^{-0.1}M^{-1.1}$ 图像，$M = m/(Id)$，其中，d 代表背景场偶极子的深度；m 代表偶极子的强度；I 代表磁绳里的电流强度。因此 M 是一个无量纲的量，表示的是背景场对磁绳的相对强度。从图 5.1 中可以看出，针对相对初始高度和半径的磁绳，如果 M 取不同的值，磁绳的最终高度是不同的，而且磁绳的最终高度与 M 近乎呈一幂函数分布 $h/d = 10^{-0.1}M^{-1.1}$。另外根据 Forbes[271] 的分析方法可得 $M = 5.06$ 是一个关键点，当 $M < 5.06$ 时，磁绳的最终高度会高于其初始高度；当 $M > 5.06$ 时，磁绳的最终高度会低于其初始高度。在数值实验中，验证了此特征点的存在，即 $M \approx 5.25$，而且从图 5.1 可看出，在 $M = 5.25 \pm 0.3$ 这个范围，磁绳的最终高度产生了一个跃变。

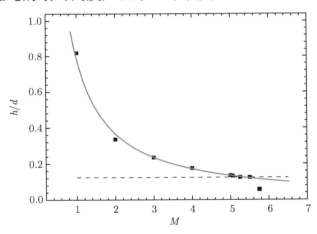

图 5.1　磁绳最终高度与 M 的关系图

虚线代表着磁绳的初始高度，实点代表着磁绳最终高度；实线是拟合的幂函数 $h/d = 10^{-0.1}M^{-1.1}$ 图像；$M = m/(Id)$，m 是背景场偶极子强度，d 是偶极子深度，I 是磁绳电流强度，h 是磁绳高度

5.4.2　系统在不同背景场的演化

图 5.2 给出的是针对算例 15～算例 18，在不同 M 取值下，磁绳高

度随时间的演化。在这 4 个算例中，除了 M 不同，对应的其余参数值都是相同的。从图 5.2 中发现，在这 4 个算例中磁绳处于非平衡态，背景场对磁绳的吸引力小于镜像电流作用于磁绳的排斥力，所以磁绳开始时会迅速地向上运动，尤其是当 $M = 0.0$ 时。在相同的时刻，M 的取值越小，对应磁绳的高度越高。也就是说，背景场相对强度越小，磁绳越容易逃逸出去。另外，对于 $M = 1.0, M = 1.5$ 和 $M = 2.0$，随着演化的进行，磁张力越来越大，磁绳向上的速度慢慢放缓。从图 5.2 可看出，在 $M = 2.0$，当演化到大约 $500\,\mathrm{s}$ 时，磁绳的高度基本保持不变，将此时磁绳高度 h, d 和 M 的取值代入 Forbes[271] 方程 (3) 中，发现方程的左右两端近似相等，这意味着磁绳此时到达了一个新的平衡。

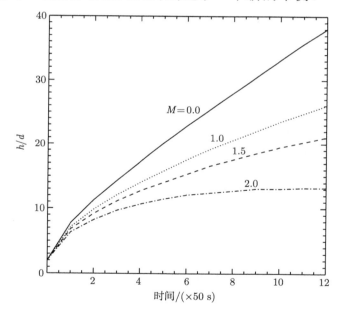

图 5.2　不同 M 值对应的磁绳高度随时间的演化

实线代表 $M = 0.0$，点线代表 $M = 1.0$，虚线代表 $M = 1.5$，点划线代表 $M = 2.0$；$M = m/(Id)$，m 是背景场偶极子强度，d 是偶极子深度，I 是磁绳电流强度，h 是磁绳高度

由于日冕中磁结构的演化受控于背景场的磁场强度，所以图 5.3 给

出的是在不同的背景磁场强度，即在不同的 m 下，磁绳高度随时间的演化。在图 5.3 的 3 个算例中，$d = 0.625 \times 10^4$ km，磁绳初始电流强度

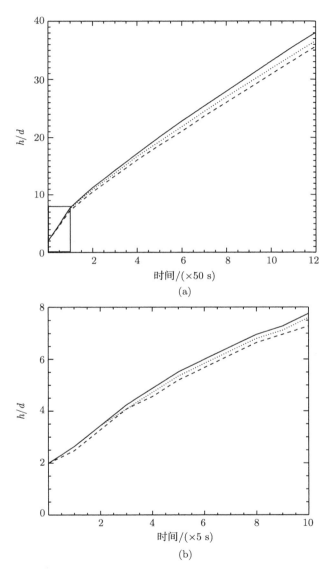

图 5.3 在不同的背景场强度下，磁绳高度随时间的演化

实线代表 $m = 0$，点线代表 $m = dI_0$；虚线代表 $m = 2dI_0$；m 是背景场偶极子强度；d 是偶极子深度，$I_0 = 3 \times 10^{11}$ A 是磁绳初始电流强度；(b) 是 (a) 0~50 s 的放大图

$I_0 = 3 \times 10^{11}$ A，实线代表的是 $m = 0.0$，点线代表的是 $m = dI_0$，虚线代表的是 $m = 2dI_0$。从图 5.3 中发现，在相同的时刻，背景场磁场强度 m 值越小，磁绳的高度越高，磁绳越容易逃逸出去。进一步研究在相同的时刻 $t = 600$ s 时，$m = dI_0$ 和 $m = 2dI_0$ 分别对应的磁场结构，如图 5.4 所示，(a) 代表的是 $m = 2dI_0$，(b) 代表的是 $m = dI_0$。从图 5.4 中发现：①在相同的时刻，(b) 图中磁绳的高度高于 (a) 图中的高度；②在 (a) 和 (b) 图中，都有 X 型中性点，这意味着通过磁重联产生了磁耗散。

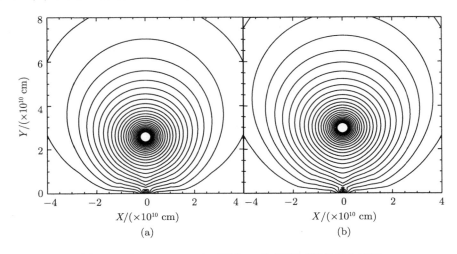

图 5.4 在 $t = 600$ s 时，不同 m 值情形下的磁场位形图

(a) 对应 $m = 2dI_0$，(b) 对应 $m = dI_0$；m 是背景场偶极子强度，d 是偶极子深度，$I_0 = 3 \times 10^{11}$ A 是磁绳初始电流强度

5.4.3 磁绳半径对系统演化的影响

图 5.5 给出的是磁绳在不同的初始态下，磁绳内部等离子体的流动情况，上面并排的两幅图对应的是算例 1 的情形，即 $M = 2.25$，此时磁绳处于稳定平衡态，下面的两幅图对应于算例 2，$M = 1.0$，此时磁绳处于非平衡态。图中实圆环代表的是磁绳位置，带箭头的短线代表的是等离子体的流动速度。计算结果表明，在图 5.5 中，当 $t = 1$ s 时，平衡态

下磁绳内部等离子体的流动速度大小是非平衡态下的 0.8 倍，而且平衡态在 $t = 2\,\mathrm{s}$ 时的内部流动速度大小与非平衡态在 $t = 5\,\mathrm{s}$ 时基本相等。这一结果表明如果磁绳的初始态处于稳定平衡态，磁绳内部达到平衡所需时间短于非平衡态的情形。

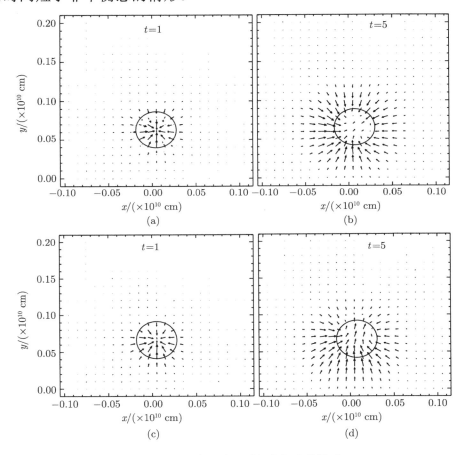

图 5.5　不同初始态，磁绳内部演化情形

(a) 和 (b) 对应的初始态是稳定平衡 $M = 2.25$ (算例 1)，(c) 和 (d) 对应的初始态是非平衡 $M = 1.0$

(算例 2)；实圆环代表磁绳的位置；带箭头的短线代表等离子体的流动速度

　　图 5.6 给出的是针对算例 3 和算例 4，磁绳半径大小对磁绳动力学演化的影响。在这两个算例中，除了磁绳初始半径大小不同，其余的参

数取值都相同，虚线代表的是 $r_0 = 3000$ km (算例 3)，实线代表的是 $r_0 = 5000$ km (算例 4)。从图 5.6 中发现，磁绳半径越大，越容易逃逸出去。这一结果与 Lin 等[267]的解析结果是一致的。这意味着在其他参数或者条件变化很小的情况下，磁绳的半径大小可以用于太阳爆发的预报工作中。

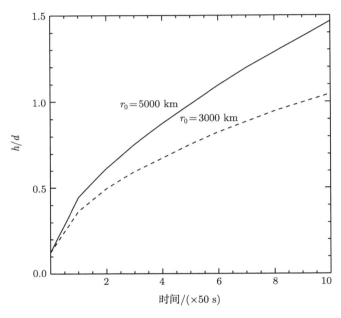

图 5.6　在磁绳半径取值不同的情形下，磁绳高度随时间的演化

虚线对应着 $r_0 = 3000$ km (算例 3)，实线对应 $r_0 = 5000$ km (算例 4)；d 是背景场偶极子的深度，在算例 3 和算例 4 中，d 值是相同的

5.5　讨论和总结

在 Forbes[271] 和 Wang 等[269] 工作的基础上，我们利用磁流体动力学数值模拟程序 ZEUS-2D，在一个与实际贴近的等离子体环境中，通过一系列的数值实验，研究了背景场磁场强度对磁绳的动力学演化和日冕

磁场结构演化带来的影响，所研究的日冕磁场结构中包含一个用以描述日珥或暗条的带电磁绳。除此之外，还数值考察了暗条半径大小对演化带来的变化。主要结论为：

(1) 由算例 15~算例 18 的数值计算结果可得：背景场磁场强度越弱，磁绳越容易逃逸出去。这一数值结果与已有的解析结果[263, 267, 273] 相吻合。背景场的衰减经常是由磁耗散引起的，而磁耗散能导致磁绳的形成和爆发[268]。这进一步解释了观测统计结果：在 23 周的观测周期内，CME 发生的高峰期与黑子发生的高峰期不是同步的，而是 CME 爆发的高峰期比黑子的向后延迟了 6~12 月[274]。这将有助于我们开展太阳爆发活动先兆特征的研究。

(2) 磁绳半径的大小会对磁绳的动力学演化产生影响，磁绳半径越大，越易逃逸。这意味着在其他参数或者条件变化很小的情况下，日珥或者暗条横截面的大小可以用于太阳爆发的预报工作中。

(3) 由算例 4~算例 12 的计算结果可得：磁绳的最终高度与背景场相对强度 M 近似呈一个幂函数分布 $h/d = 10^{-0.1}M^{-1.1}$。其中，$M = m/(Id)$，m 是背景场偶极子强度，d 是偶极子深度，I 是磁绳电流强度，h 是磁绳高度。这将有助于我们理解和诠释磁通量绳灾变模型，更好地开展太阳爆发机制的观测和数值研究。

(4) 数值研究了磁绳内部的平衡演化情形，发现磁绳的初始状态影响磁绳内部的平衡。如果磁绳初始态是处于平衡态的，那么磁绳内部流动速度比较小，而且可以很快达到内部平衡。

第6章 太阳光球孤立和非孤立亮点的统计分析

6.1 观测和数据处理

6.1.1 1m 新真空太阳望远镜及观测环境简介

这一节的工作是基于抚仙湖 NVST 的观测数据展开的。口径为 1 m 的新真空望远镜坐落在云南省澄江县抚仙湖旁。抚仙湖水平面的海拔为 1722.5 m，平均深度为 95.2 m，湖面积为 216.6 km²。抚仙湖的容积为 206.2 亿 m³。抚仙湖太阳塔附近的风速为 6 km·s⁻¹，并且研究发现 75% 的风向都是从湖面吹向太阳塔的。当地平均每年有 2200 个小时的日照时长。这就为抚仙湖太阳塔的望远镜提供了很优秀的观测条件。作为我国最大蓄水量湖泊之一，抚仙湖大的热容量可以不断吸收来自太阳照射的热量。这样就能够保持湖面上方温度稳定，从而在一定程度上保证了望远镜周围有较好的和稳定的视宁度。NVST 也因此拥有很好且很稳定的视宁度。根据测试发现，抚仙湖太阳塔的视宁度 r_0 在 1998~2000 年平均为 10 cm。

图 6.1 为 1999~2000 年视宁度参数 R_0 每月的变化曲线。从 R_0 的值在 10 cm 左右且保持较小的变化可以看出，这里的视宁度较好且稳定。

NVST 主要分为成像观测、光谱观测和偏振观测三个部分。NVST 的成像系统可以提供多波段观测。目前投入使用的波段有光球波段的 G 带 (4300 Å)，TiO (7058 Å) 和色球波段的 Hα (6562.8 Å)。NVST 的科学目标主要有以下几个：

(1) 提供波长范围为 3000~25000 Å 的高空间分辨率和高谱线分辨率观测数据。

(2) 对小尺度精细结构及其在磁场演化中扮演的角色的研究。

(3) 通过高分辨观测来研究能量在太阳大气层中的转换、存储和释放过程, 以及研究日冕加热和大尺度爆发活动的触发机制。

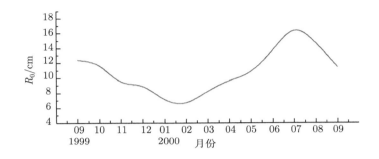

图 6.1　1999~2000 年视宁度参数每月的变化曲线[275]

理论和数值模拟结果显示, G 带波段观测的光球亮点具有更好的亮度对比度[34-36,276], 且更容易被识别和研究。但是对于目前还没有运用自适应光学系统 (adaptive optics, AO) 的地面望远镜而言, 视宁度也跟观测波段有很大关系。根据视宁度测量的标准理论模型, 波长越长的波段, 观测的视宁度越好[277, 278]。更进一步, 视宁度测量参数 R_0[279] 与波长的关系为 $R_0 \propto \lambda^{6/5}$ (更多细节请参考 Tokovinin 和 Kornilov[280] 的结果)。因此在观测时, 除了观测 G 带数据, 我们也使用波段相对较长的 TiO 波段来获取更好的图像质量。

这一节的工作中, 我们主要通过 NVST 在 TiO (7058 Å) 波段观测到的位于活动区 AR 11748 的数据来研究该活动区附近的亮点。这套数据的视场大小为 $69'' \times 62''$, 观测时间为 2013 年 05 月 21 日 06:13:50 UT 到 08:59:00 UT。数据的前四十分钟左右的视宁度非常稳定, 且图像质量非常好。因此我们在具体分析时只分析了时间段为 06:13:50 UT~ 06:59:00 UT 的数据。

6.1.2　高分辨图像重建

望远镜直接观测到的数据因为没有经过任何处理而被我们称为裸数据。这些裸数据并不能直接拿来研究。这是因为，在观测时不同程度的大气扰动会使观测数据质量有所降低，这是所有地面望远镜共有的问题。那么，在对感兴趣的目标进行研究之前，我们需要去除大气扰动所带来的影响。对于 NVST 数据，我们主要采用斑点掩盖方法[281, 282] 进行高分辨重建，提高数据质量。这部分工作由抚仙湖观测站的科研人员完成。在重建工作中，重建一幅图像需要至少 100 帧裸数据图像。首先，每一帧裸数据图像会被切割成很多个 $5'' \times 5''$ 的小方块。然后，针对每一个小方块 B，其在时间序列上连续的 100 幅用同样方法分割的小方块 B_i ($i = 1, 2, 3, \cdots, 100$) 被重建为一个小方块。而一帧图像上的很多方块最后拼接在一起重新形成一帧与原图像一样大的重建图像 (图 6.2)。重建后的图像的时间分辨率为 25 s，像素分辨率为每像素 $0.039''$。

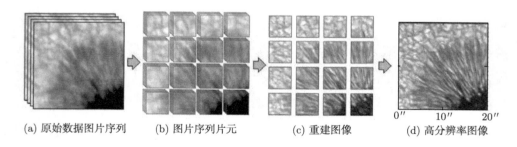

(a) 原始数据图片序列　　　(b) 图片序列片元　　　(c) 重建图像　　　(d) 高分辨率图像

图 6.2　抚仙湖 NVST 所获取观测资料的高分辨重建过程

(a) 为 NVST 观测到的裸数据；(b) 被分割为 16 份；(c) 为 100 幅图像叠加的结果图；

(d) 为重建结果

6.1.3　观测

我们首先在图 6.3 的 (a) 子图中展示了这套数据重建后的结果。在图中可以很清晰地看到黑子的本影和半影，以及它们的精细结构。在黑子的外围, 米粒和位于米粒通道中的亮点清晰可见。我们还可以清晰地看到一些磁孔分布在黑子周围。在研究活动区附近的光球亮点时, 我们发现黑子附近的亮点并不是均匀分布的。比如, 一些区域分布有较多的亮点。这些区域的亮点密度大, 总体亮度较亮; 一些区域亮点数量没有那么多, 密度相对较小, 分布呈带形, 总体看起来尺度稍微大一些。还有一些区域基本上没有亮点出现。这些观测现象引起了我们的兴趣。那么, 亮点的分布跟哪些物理因素有关呢? 它们的其他特征, 如寿命、亮度和大小等会不会因为出现在不同的区域而发生变化? 针对这些问题, 我们对活动区的亮点进行了进一步的研究。考虑到磁场是活动区最显著的特征并且占主导地位, 在这一章节的工作中, 我们重点研究这些密度分布不均匀的现象与背景磁场的不均匀分布之间的关系。更进一步地, 我们分析了亮点的其他基本特征, 如寿命、大小和亮度等在不同背景磁场下的分布特征。

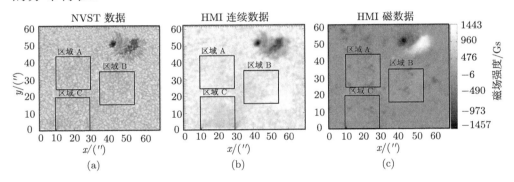

图 6.3 抚仙湖 NVST 获得数据重建后结果以及 SDO/HMI 对齐结果

(b) 中子图为 SDO/HMI 连续谱图; (c) 中子图为 SDO/HMI 磁图

我们根据亮点的数量分布从多到少划分三个大小相同的区域 (A, B, C) 进行研究。区域 A, B 和 C 在图 6.3 的 (a) 子图中已经用矩形框框起来了。它们的大小相同, 均是 500×500 像素。图 6.4 中第一排子图从左至右分别为区域 A, B, C 在 TiO 波段的成像图。从这三个子图中, 可以看出区域 A 中包含有两个很明显的磁孔，在该区域中，亮点的分布比较稠密，亮度看起来也很亮；区域 B 中没有磁孔出现，亮点的密度看起来也没有区域 A 中的多；但是，区域 B 中的亮点呈带状或者以线条形出现，而不是均匀地出现在区域 B 中；区域 C 里面既没有磁孔出现，也没有带状的亮点出现，而是稀稀落落地散落着一些亮点。划分好区域之后，为了进一步研究它们是否受背景磁场的影响，还需要知道这三个区域背景磁场的分布情况。因此，我们通过 SDO[283] (Solar Dynamics Observatory) 上的 HMI(Helioseismic and Magnetic Imager) 获取到了全日面磁场信息。为了进一步获取到这三个区域背景磁场的信息，我们需要进一步对 NVST 数据和 SDO/HMI 数据进行对齐。

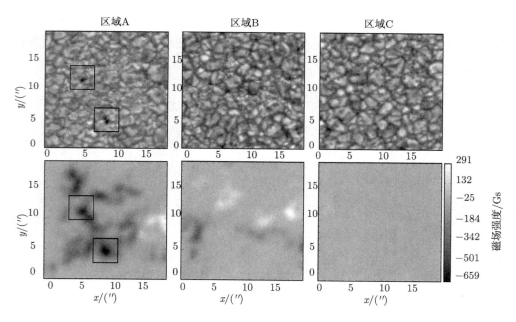

图 6.4　活动区 AR 11748 附近的三个区域 A, B, C 及其对应的磁图

6.1.4　数据对齐

现在我们开始 NVST 图像与 SDO/HMI 图像的对齐工作。SDO 是

美国国家航空航天局 (NASA) 于 2010 年 02 月 11 日发射的空间飞行器。它的主要科学目标是了解太阳磁场的起源和结构，研究太阳磁场是如何转化能量和释放能量的，以及研究关于太阳辐射的变化的影响因素。SDO 上面搭载有三个科学观测仪器。它们分别是 AIA(Atmospheric Imaging Assembly), EVE(EUV Variability Experiment) 和 HMI。其中 HMI 的主要科学目标是通过测量光球的运动来研究太阳的振荡，通过谱线测量光球层的偏振来获取光球磁场。HMI 在谱线 Fe I 6173 Å 附近每隔 45 s 同时拍摄一幅全日面多普勒速度单色像、一幅全日面光球连续谱图和一幅全日面视向磁场单色像。同时，每隔 90 s 或者 135 s，HMI 还提供一幅全日面磁场矢量图。我们主要利用时间分辨率为 45 s 的全日面视向磁场图像。

这种磁图主要使用黑白两色来代表磁场方向。黑色代表磁场方向远离我们视线朝向太阳球心，而白色代表磁场方向朝向我们视线方向。因为 SDO/HMI 提供的是全日面磁图数据，而 NVST 数据是针对日面中心附近一个小视场进行高分辨观测的。那么，为了获取到我们想要的磁图，就需要从全日面磁图中将与 NVST 同样大小和位置处的观测区域找出并截取下来。这就是做对齐工作的意义。然而，我们所得到的磁图中的特征只有黑色和白色两种颜色来代表磁场的方向和强弱，磁图本身没有与 NVST 在 TiO 波段观测到的光球数据相同的特征。因此，不能直接将 HMI 的磁图与 NVST 的光球数据进行对齐。我们注意到，与 HMI 磁图同时全日面观测的还有波段在谱线 Fe I 6173 Å 附近的光球连续谱图像。

NVST 在 TiO 波段上观测的光球图像与 HMI 在谱线 Fe I 6173 Å 附近获取的光球连续谱图像有较多的相似特征。比如，二者都有米粒组织、黑子。于是，我们先将 NVST 数据与 HMI 的连续谱数据对齐。由于 HMI 的连续谱数据和磁图是对齐了的，所以 NVST 数据也因此与磁图成功对齐了。

在对齐之前，首先对 SDO/HMI 的连续谱数据和磁图数据进行预处理。我们获得的 HMI 数据已经完成了平场处理，并去除了坏像素。当一个望远镜拍摄太阳上一个小视场的时候，望远镜就可以通过跟踪系统一直跟踪和锁定正在观测的视场。但是由于太阳的自转，当观测全日面单色像的时候，望远镜的电荷耦合器件 (charge coupled device, CCD) 平面大于太阳日面在 CCD 上投影的面积，所以无法克服太阳自转效应。因此，随着时间推移，观测中后面的图像与前面观测的图像的视场大小一致。但是图像中的结构就会不断地朝着一个方向移动。我们需要对这样的全日面单色像去除旋转效应来对齐时间序列上的图像。SDO 提供了具体的消除旋转效应的方法和程序。我们使用 SSWIDL 软件包中的预处理程序来去除太阳自转效应，并将 HMI 图像与 AIA 图像对齐。这样处理过后的 HMI 图像的像素分辨率大小为 0.6 ″。

现在我们可以对 NVST 和 HMI 连续谱图 (图 6.3(b) 中子图) 进行对齐了。首先，选择 NVST 图像与 HMI 图像在观测时间上最相近的两幅图。我们使用的 NVST 这套数据是日面中心附近的活动区，它包含了一对大黑子，这对黑子便是搜寻 HMI 连续谱图上与 NVST 大致对应位置的首选特征。因此，我们先寻找到 HMI 连续谱图中包含和 NVST 图中所包含的黑子相同的区域。找到对应的黑子在 HMI 连续谱图中的位置之后，我们通过旋转连续谱图像合适的角度，使其中的黑子与 NVST 图像中黑子所处的方向大致相同。然后围绕黑子所在区域，在连续谱图上截取一大块视场，这个视场是一个包括 NVST 的观测的视场，但是大于它的视场区域。

在真正对齐前，还需要将连续谱图的像素分辨率提高使其拥有与 NVST 一样大小的像素分辨率。针对这一步，我们采用了双线性插值法并采用参数 cubic=−0.5 对连续谱图像进行插值，使每个像素从 0.6″

大小变为 0.039″。紧接着我们在连续谱上选取一个包含了一部分黑子的 100×100 像素的窗口，并在 NVST 图像中搜寻与该窗口相同大小且有最大相关性的区域。最后得出的对应最大相关性的区域被认为是与窗口内部的图像特征相对应。而将窗口移动到 NVST 中对应的区域所需要的位移被作为最后连续谱图和 NVST 对齐的位移，并将它们对齐。当连续谱图和 NVST 图对齐之后，HMI 图像只需采用与连续谱图相同的插值和位移步骤即可完成与 NVST 的对齐工作。

为了使 NVST 和 HMI 图像达到高精度对齐，在对齐步骤中还需要采取除了以上主要步骤外的几个辅助步骤。根据上一步，我们知道对齐过程中需要调节的参数一共有三个，即旋转角度、像素分辨率和偏移量。我们通过使用循环程序使旋转角度和连续谱图的像素分辨率在一定变化范围内来求取 NVST 图像中的黑子和连续谱图中黑子两者之间的最大相关系数，最后找到最大相关系数所对应的参数旋转角度、像素分辨率和偏移量。除此之外，我们还计算了对齐的精确度。以上对齐工作完成之后，我们通过两幅对齐了的 NVST 图和连续谱图来测定对齐精确度。

首先我们将和 NVST 同样大小的连续谱图切割成很多块 100×100 像素大小的区域，并用每一个这样的区域与 NVST 图像中对应的区域求取最大相关，并计算最大相关对应区域所在的位置。NVST 上对应区域所在的位置与连续谱上的该区域所在位置的差异量称为位移量。对每一块都求出它们对应的位移量，然后计算这些位移量的均值和偏离均值最大的量。最后我们得到的均值作为偏移量与旋转角度和像素分辨率一起来对齐 NVST 和连续谱图。而偏离均值最大的量即所有位移量与均值差值中的最大值。在这套数据中我们得到的偏离量为 x 方向 1.032 个像素，y 方向 0.955 个像素。这个偏离量即对齐工作所达到的精度值。图 6.3 给出了对齐后的结果。(a) 中子图为对齐后的 NVST 图像。(b) 中子图为对齐后的连续谱图，(c) 中子图为对齐后的 HMI 磁图。在 NVST 图像上框起来的区域 A, B 和 C, 也同时在连续谱图和 HMI 图像对应的区域上标示了出来。

图 6.4 给出了区域 A, B, C 的 TiO 光球图像和它们对应的 HMI 磁图。跟我们推断的一样,区域 A 中分布了密集的亮点,而区域 A 的背景磁场也是三个区域中最强的,区域 A 中甚至包含了两个很明显的磁孔;区域 B 分布的亮点则比区域 A 少很多,不过其相对的背景磁场也比区域 A 的弱很多,而且区域 B 中亮点的分布基本上与磁场的分布相一致;而区域 C 中几乎看不到亮点,它的背景磁场也是三个区域中最弱的。

同时我们也测量了这三个区域的平均视向磁场强度值。区域 A 中视向磁场变化范围为 $(-659\pm18)\sim(292\pm18)$ Gs,平均值为 (-103 ± 18) Gs;区域 B 中视向磁场变化范围为 $(-413\pm18)\sim(248\pm18)$ Gs,平均值为 (-4 ± 18) Gs;而区域 C 中视向磁场变化范围为 $(-37\pm18)\sim(40\pm18)$ Gs,平均视向磁场值为 (-1 ± 18) Gs。

结合观测数据直观地看,亮点的密度分布多少与背景磁场的强弱有很大关系。在观测中,我们还进一步发现,活动区域的亮点频繁地发生分裂和融合。根据这一特征,我们将光球亮点分类为孤立和非孤立亮点。孤立亮点为那些在其寿命中从未发生过分裂和融合的亮点。非孤立亮点为那些在其寿命中发生过分裂或者融合的亮点。

我们基本上已经清楚了亮点的密度分布与背景磁场有很大的关系,那么亮点的其他特征,比如面积、寿命、亮度是否受到了背景磁场的影响呢?为了回答这些问题以及更好地研究和分析光球亮点的演化行为,我们首先开发了一套算法来识别和跟踪光球亮点,然后统计孤立亮点和非孤立亮点的数目以及研究了区域 A, B, C 中的基本特征。更进一步地,我们还对非孤立亮点的演化进行了案例分析,以便在后续工作中进行更深入的物理分析。

6.2 孤立和非孤立亮点的识别和跟踪算法

在开始介绍具体的思路和方法之前，我们先来回顾一下光球亮点的观测特征和可能的形成机制。在 TiO 和 G 带波段观测到的光球亮点出现在暗的米粒通道里。从对流层上升到达光球底部的热等离子体在光球底部通过辐射冷却将能量释放后慢慢回落到对流层。在回落的过程中这些逐渐冷却的等离子体被米粒中上升的热等离子体推挤到米粒边缘处。于是，冷等离子体是沿着米粒边缘回落的。由于边缘冷的等离子体温度较低而变暗，即形成我们所说的米粒通道 (或暗径)，因此，米粒通道的亮度比米粒和亮点都要弱，这就在米粒通道和亮点之间形成了明显的亮度梯度。米粒通道宽度一般在 300 km 左右，位于其中的亮点的有效尺度在垂直于米粒通道延伸的方向均小于这个值。通常这里的亮点的亮度大约是光球平均亮度的 80%。因此，亮点的亮度、亮度梯度、尺寸大小成为识别亮点的重要特征参数。如前所述，一般的孤立亮点可以通过设定这三个参数的阈值来提取。

不过，我们分析的这套数据都是在活动区附近获得的，米粒通道中相当一部分亮点呈链式结构，沿着米粒通道延伸。有一些亮点的亮度相对较弱，也有一些亮点在演化过程中亮度变弱，但并未完全消失，过一段时间之后，又会重新变亮。在这种情况下，使用固定的亮度阈值很可能会将亮度变弱了的亮点过滤掉，从而误判了亮点的有效寿命。另外，这些在活动区附近的链式亮点结构复杂，而且面积变化范围大；如果只是简单地使用判别孤立亮点的尺寸阈值，也会造成误判。因此，一般用于识别和跟踪孤立亮点的方法在这里显然是不适用的。这就需要有专门针对链式亮点的判别和跟踪方法。根据链式亮点的上述特征，也基于前人的工作经验，我们发展了一套新的算法来识别和跟踪这些出现在活动区附近，演化和结构都比较复杂的链式亮点。算法主要包括以下几个步骤。

第一步，利用拉普拉斯算子对图像进行第一次高通滤波，将亮点和部分亮米粒突出出来。根据亮点边缘亮度梯度较大的特征，首先采取拉普拉斯算子与图像进行卷积运算作为识别和跟踪的第一步。拉普拉斯算子是一个简单的二阶微分各向同性滤波器。各向同性的意思就是，将图像沿任意方向旋转然后与拉普拉斯算子进行卷积运算，之后将处理过的图像旋转回原图方位，与直接对原图像进行拉普拉斯算子进行卷积运算得到的结果是一致的。对一个二元图像函数 $f(x, y)$ 进行拉普拉斯变换的定义为

$$\nabla^2 f(x,y) = \partial^2 f(x,y)/\partial x^2 + \partial^2 f(x,y)/\partial y^2, \tag{6.1}$$

而将在 x 方向一维二阶微分的离散形式定义为

$$\nabla^2 f(x,y) = f(x+1,y) + f(x-1,y) - 2f(x,y), \tag{6.2}$$

在 y 方向的为

$$\nabla^2 f(x,y) = f(x,y+1) + f(x,y-1) - 2f(x,y), \tag{6.3}$$

于是二维二阶微分的离散形式，即拉普拉斯变换的离散形式则定义为

$$\nabla^2 f(x,y) = [f(x+1,y) + f(x-1,y) + f(x,y+1) + f(x,y-1)] - 4f(x,y). \tag{6.4}$$

在一个二维图像上，一个像素有两个水平和两个垂直的相邻像素，我们称之为这个像素的四邻域，而公式 (6.4) 则称为拉普拉斯变换的四邻域形式。另外，一个像素还有四个处于对角的相邻像素，与四邻域的四个像素点一起称为这个像素的八邻域。公式 (6.4) 还可以延伸到具有

八邻域像素的形式, 即

$$
\begin{aligned}
\nabla^2 f(x,y) = & [f(x+1,y) + f(x+1,y+1) \\
& + f(x+1,y-1) + f(x-1,y+1) \\
& + f(x-1,y-1) + f(x-1,y) \\
& + f(x,y+1) + f(x,y-1)] - 8f(x,y),
\end{aligned} \tag{6.5}
$$

在图像处理的过程中公式 (6.2)~(6.5) 对应的拉普拉斯算子分别为

$$
L = \left\{ \begin{array}{ccc} 0 & 0 & 0 \\ -1 & 2 & -1 \\ 0 & 0 & 0 \end{array} \right\}, \tag{6.6}
$$

$$
L = \left\{ \begin{array}{ccc} 0 & -1 & 0 \\ 0 & 2 & 0 \\ 0 & -1 & 0 \end{array} \right\}, \tag{6.7}
$$

$$
L = \left\{ \begin{array}{ccc} 0 & -1 & 0 \\ -1 & 4 & -1 \\ 0 & -1 & 0 \end{array} \right\}, \tag{6.8}
$$

$$
L = \left\{ \begin{array}{ccc} -1 & -1 & -1 \\ -1 & 8 & -1 \\ -1 & -1 & -1 \end{array} \right\}. \tag{6.9}
$$

在对图像进行卷积滤波的过程中, 我们用拉普拉斯算子与图像相乘。对于图像的每一个不位于图像边缘的像素, 其周围都有四邻域或者八邻域像素存在。将拉普拉斯算子中心元素与图像中的每一个不位于图像边缘的像素相乘。这里我们不妨称这个与拉普拉斯算子中心元素相乘的像素为 p, 而将拉普拉斯算子的中心元素称为 c。p 的坐标为 (x, y), 对应的强度值为 $f(x, y)$。那么在图像中, $p(x, y)$ 的四邻域分布如下:

$$\left\{ \begin{array}{ccc} 0 & (x, y+1) & 0 \\ (x-1, y) & (x, y) & (x+1, y) \\ 0 & (x, y-1) & 0 \end{array} \right\}, \tag{6.10}$$

与拉普拉斯算子对应元素相乘并求和, 所得结果即为拉普拉斯算子在点 $p(x, y)$ 处的卷积结果。

我们先以算子 (6.8) 为例, 当 p 所对应的值与 c 所对应的值相乘时, p 的四邻域也和 c 的四邻域对应相乘。最后的乘积之和便是像素 p 的拉普拉斯算子变换值。对于图像边缘的像素, 由于其不存在完整的四邻域, 我们将距离其最近的像素的拉普拉斯算子变换值赋予这个像素。用卷积核 (6.6)~ 卷积核 (6.9) 进行滤波时的处理方法与卷积核 (6.8) 的方法相同。可以看出, 如果像素 p 的灰度值的四倍比其周围四邻域灰度值之和小, 那么变换后与 c 所对应的像素值结果为负值; 如果其灰度值的四倍比周围四邻域灰度值之和大, 那么变换后的结果大于零; 如果二者相等, 那么结果为零。变换完成之后, 一些亮度较强的亮点和个别位于亮米粒中的像素具有较大的卷积值。

从原理上讲, 利用四邻域的卷积核 (6.8) 和八邻域的算子 (6.9) 提取出来的亮点差别不明显。但是, 我们这套数据的卷积结果显示, 八邻域的算子 (6.9) 对亮度的变化更加敏感, 从而带来了更多的噪声 (图 6.6 和图 6.7), 很多米粒也会相对变得更亮。这样亮米粒就会对识别工作产生干扰。因此, 我们采用四邻域的算子 (6.8) 进行滤波运算。与卷积核 (6.8) 和卷积核 (6.9) 不同的是, 卷积核 (6.6), 卷积核 (6.7) 分别突出那些在 x 和 y 方向上的亮度梯度并且只分别对 x 和 y 方向的亮度变化敏感。图

6.8 和图 6.9 分别展示了卷积核 (6.6)，卷积核 (6.7) 与图 6.5 卷积的结果。从图中可以很明显地看出，图 6.8 和图 6.9 中分别突出了在 x 和 y 方向上的亮度梯度变化较快的结构。

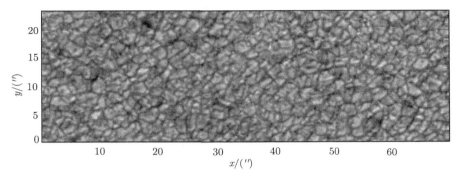

图 6.5 原数据中的一部分子图，在这里主要用来进行方法测试

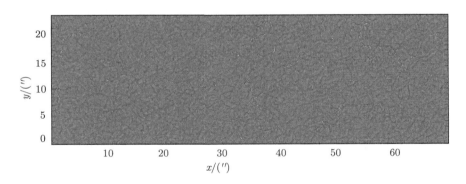

图 6.6 拉普拉斯四邻域卷积核 (6.8) 与图 6.5 的卷积结果

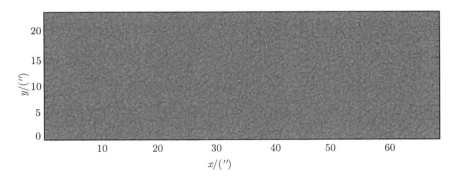

图 6.7 拉普拉斯八邻域卷积核 (6.9) 与图 6.5 的卷积结果

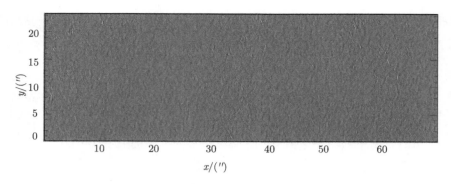

图 6.8　二阶微分卷积核 (6.6) 与图 6.5 的卷积结果

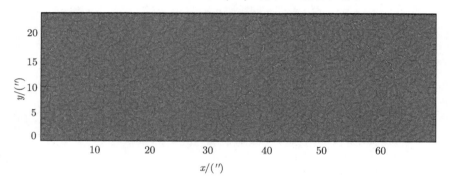

图 6.9　二阶微分卷积核 (6.7) 与图 6.5 的卷积结果

　　第二步，设定亮度阈值，将超过该阈值的亮像素作为种子点提取出来。我们在卷积核 (6.8) 与 NVST 图像卷积的结果上设定亮度阈值，将亮点中最亮的部分提取出来作为种子点。这里的亮度阈值一般取为图像中最亮部分亮度值的 50%。根据前面所分析的，拉普拉斯卷积核突出那些亮度变化剧烈或者亮度梯度大的地方。光球层中的亮点边界位于暗米粒通道内，因此拥有较大的亮度梯度。拉普拉斯算子可以很好地将这些亮点边界突出出来。图 6.10 中可以看出筛选出来的种子点在原图中的分布。大部分的种子点是米粒通道中的亮点，而一小部分的种子点却是米粒上的一部分亮像素。我们也可以从图 6.10 中看出，只有一部分亮度较亮的亮点被标亮了。而那些亮度稍微弱的亮点则没有被标亮，也就是没有被提取为种子点。不过，这并不代表我们没有办法将其识别。我们将在后面的步骤中提取它们。

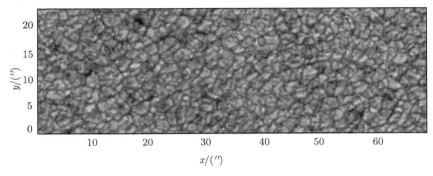

图 6.10 亮点候选种子点图

图中白色的点为选取的种子点

第三步，去除噪声。根据上一步的结果以及拉普拉斯卷积核的特点分析，我们可以理解为，由于米粒元胞的边界也位于米粒通道内，并且米粒元胞内部的亮度变化相对比较连续，在拉普拉斯卷积结果中，米粒元胞的亮度则被压制。因此，我们在这一步中可以将亮点种子点提取出来。但是这也夹杂了不少噪声，这些噪声主要来源于部分亮米粒。这些噪声有一些共同的特点，即面积小，并不能长时间持续出现 (图 6.10 中被点亮的一部分位于米粒上的像素)。因此，我们将那些面积小于 5 个像素或者出现时间少于 75 s 的种子点归类为噪声并去除，余下的就是亮点种子点了。

第四步，提取暗弱亮点。我们首先对已经提取出来的种子点周围的区域进行膨胀，使种子点所在的亮点及其附近的米粒通道都被包括进膨胀的区域内。我们称膨胀后的这个只包含亮点和周围米粒通道的区域为窗口，如图 6.11(c) 所示。

膨胀操作的具体步骤如下：首先产生一个与原图像大小相同的二维空数组 (即数组的每个元素为 0)，数组中每一个元素的位置与原图像中的像素一一对应；将种子点所在像素对应的空数组中的元素 0 换为 1。这样，我们就得到了一个其中元素值只是 0 和 1 的数组，称为二值数组；如果将该数组看成是一幅同样大小的图像，那么就得到了一幅 "亮度" 只为 0 和 1 的二值图像。然后我们用 $(2n+1) \times (2n+1)$，元素值均为 1 的一个二维矩阵 (也称为卷积核) 与该二值图像进行卷积，其中 n 是正整数。当卷积核的中心像素所对应的二值图像的像素值为 1 时，卷积核所有的像素值赋值给所对应的图像的像素值，从而扩大了图像中像素值为 1 的结构的大小。在本工作中，取 $n = 4$，于是我们使用的是一个 9×9 的二维矩阵。这里我们根据经验和图像的实际情况来确定 n 值的大小，不能过大也不能过小。如果 n 选取太小，较大的亮点就不能被进一步的计算所覆盖，如果太大，部分米粒也会被包含进来。

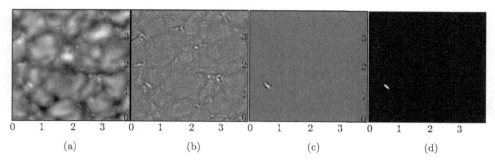

图 6.11　(a) 原图，(b) 和 (c) 图为拉普拉斯卷积后的结果图，(d) 是种子点提取图

膨胀算法处理后的二值图像中像素值为 1 所对应的位置则是我们需要的信息。这样我们就能够将亮点及亮点周围的像素比较确定地提取出来。这个办法可以将那些与米粒靠得不是很近的亮点很容易地识别出来。对于那些距离米粒很近，甚至挨着米粒边缘的情况，部分亮米粒也会被识别为亮点。这种产生在米粒之上的伪亮点，可以在长时间跟踪的过程中通过寿命阈值和运动速度阈值将其剔除。这样我们可以在仅有亮点和米粒通道这样的单纯环境里很容易地将亮点识别出来。当然，也有亮点距离米粒很近，甚至是紧挨着米粒边缘，部分亮米粒就会被包括在里面，也被误识别为亮点。寻找只有亮点和米粒通道这样的单纯的环境，可以帮助我们针对一个亮点的不同时刻的不同亮度选取亮度阈值。

　　紧接着，我们在该种子点所在图像的上一帧或者下一帧相同位置处开同样大小的窗口。在该窗口内，或许有亮点存在，或许没有亮点存在。如果窗口内部对应的拉普拉斯卷积值大于 400 的元胞像素数量大于 10，并且与选定的种子点有空间位置的重叠，那么我们就认为该窗口内存在和选定的种子点相同的亮点，并对刚检测出来的亮点进行同样的操作来检测其上一帧或者下一帧图像中相同位置处是否有亮点存在。否则，我们认为该窗口内部不存在亮点，并停止向上一帧或者下一帧的继续搜寻工作。我们对所有的种子点都进行向前或向后的亮点搜索工作。这样，我们就检测到了亮度强弱不同的亮点的种子点。

　　第五步，获取亮点真实面积。在上一步我们获得的亮点种子点只是亮点上面最亮的部分，并不是亮点的全部。因此，我们需要进一步获取亮点的真实大小。根据之前分析的，亮点有三个比较明显的特征：尺度小，亮度强，边界的亮度梯度大。我们要获得亮点的真实面积，首先要获得亮点的真实边界。由于这些亮点位于暗的米粒通道里，这些亮点的边界有着很大的亮度梯度。这样，亮点边界像素的亮度梯度在垂直边界方向达到最大，并在此方向二阶梯度有零点。根据这一特征，我们对每一个亮点种子点通过膨胀法开一个窗口，使内部包括亮点的全部以及它周围的米粒通道和少部分的米粒，然后通过卷积核 (6.6)~(6.8) 与窗口内部所对应 NVST 原图像的特征分别进行卷积计算。如果一个像素的三个卷积值都达到 150 以上，我们就将其提取出来。如果两个或者多个像素相邻，我们就将其看作是一个整体，称之为元胞。在窗口内提取出来的像素与种子点组成同一个元胞，那么我们就认为它们是亮点所包含的像素。

　　为了直观地看到三个卷积值在不同边界方向上的贡献不同，我们进一步针对亮点以及米粒作了一些测试。首先我们测试三个卷积核在 y 方向的表现，取一条线，使其穿过一个亮点 (图 6.12)，这样，我们就可以看出三个卷积核在亮点以及亮点在 y 方向的边界上的表现 (图 6.13 和

图 6.14)。其次，类似在 y 方向的表现，我们还测试了三个卷积核在 x 方向的表现。取一条线，使其穿过一个亮点 (图 6.15)，可得出三个卷积核在亮点以及亮点在 x 方向边界上的表现 (图 6.16 和图 6.17)。

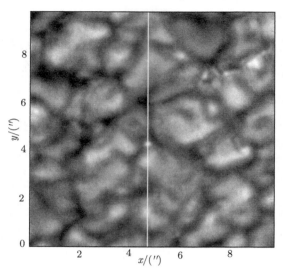

图 6.12　原图像中一个小区域，区域中一个大亮点被选中并用白线沿着 y 方向穿过该亮点

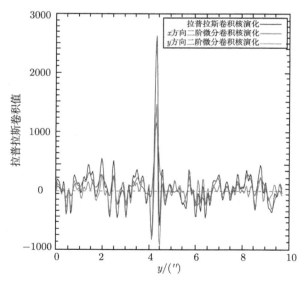

图 6.13　图 6.12 中白线上像素的拉普拉斯卷积核 (6.6)，x, y 方向二阶微分卷积核 [(6.7) 和 (6.8)] 的卷积结果。整条白线上沿着 y 方向自下而上穿过亮点的三个卷积结果 (后附彩图)

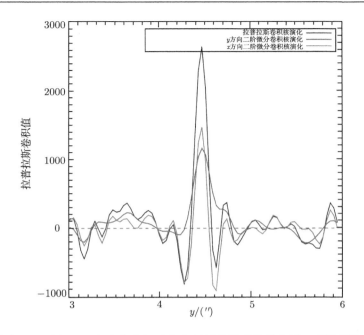

图 6.14　图 6.13 中白线上经过亮点区域的线段的放大图 (后附彩图)

　　理论上应该选取阈值为 0, 也就是三个卷积值都大于 0, 并且与亮点种子点组成元胞的像素都应该归类到亮点的一部分。但我们并没有选取 0, 而是采用了一个绝对值 150。我们用这个值的主要原因有两个: 一个是一阶梯度最大, 一个是二阶梯度过零点, 我们这里计算的是二阶梯度, 而针对一个完全落在米粒通道内部的亮点, 它的二阶梯度的大于 0 小于 150 的值为 0~2 个像素。而有一些亮点之间相互黏连, 它们之间没有明显的边界。也有一些亮点与亮米粒边界相互分享。如果我们直接选择那些三个卷积值都大于 0 的像素, 很可能将旁边其他亮点的像素或者亮米粒的像素包括进来, 造成对亮点面积的误识别。因此, 我们采用 150 这个值来提取亮点的大小。

　　第六步, 跟踪亮点。我们识别并且获得了亮点的真实面积, 紧接着要做的就是跟踪亮点了。针对每一个识别出来的亮点, 在其上一帧或者下一帧的相同位置处搜寻是否有亮点存在, 如果有亮点存在并且与该亮点有空间上的部分重合，我们认为这两个亮点是不同时间观测到的同一个亮点并用同一个数字来标记它们，否则我们认为不存在亮点并且停止搜寻。对于新跟踪到的亮点，则继续在其上一帧或者下一帧相同位置处搜索是否有新亮点存在。所有的亮点都用这种方法进行跟踪。

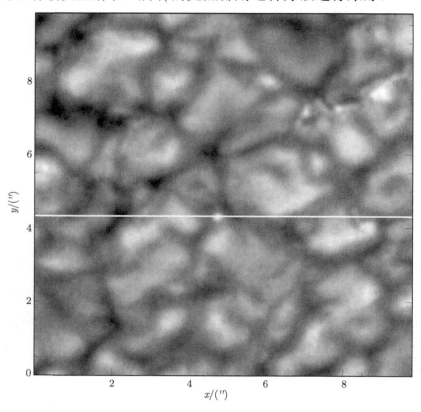

图 6.15　与图 6.12 类似，但是白线沿着 x 方向穿过该亮点

　　第七步，孤立和非孤立亮点分类。亮点的跟踪步骤结束后，我们就开始对跟踪后的亮点进行分类了。这里要强调的是，我们在跟踪步骤中并没有每次只跟踪一个亮点。跟踪的方法是已知亮点与其上一帧或者下一帧相同位置处的亮点有空间上的部分重合则被标记为同一个亮点。那么，与已知亮点在空间上有部分重合的亮点有可能只有一个孤立亮点，也有

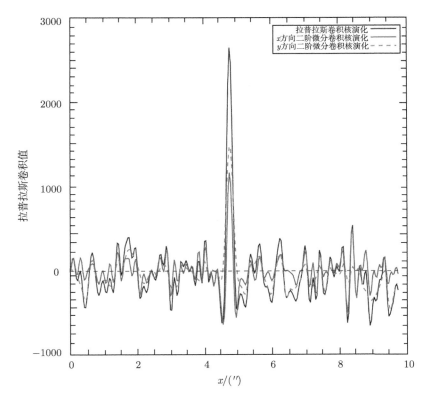

图 6.16 图 6.15 中白线上像素的拉普拉斯卷积核 (6.6)，x, y 方向二阶微分卷积核 [(6.7) 和
(6.8)] 的卷积结果，整条白线上沿着 x 方向自左而右穿过亮点的三个卷积结果 (后附彩图)

可能有两个或者多个亮点。已知亮点可能是一个孤立亮点，也可能是两
个或者多个亮点。因此，在跟踪的过程中，我们对于那些发生了分裂或
者融合的亮点也进行了很好的跟踪。这也是我们现在需要对它们进行分
类的原因。根据分裂和融合的特点，在某一个时刻它们都存在两个或者
两个以上的亮点，那么，如果一个亮点在某一帧图像上同时出现两个或
者两个以上的亮点，我们将其归类为非孤立亮点；否则就归类为孤立亮
点。我们并没有进一步将非孤立亮点分类为分裂或者融合，因为有的亮
点演化步骤比较复杂，很可能在其寿命内分裂和融合多次。

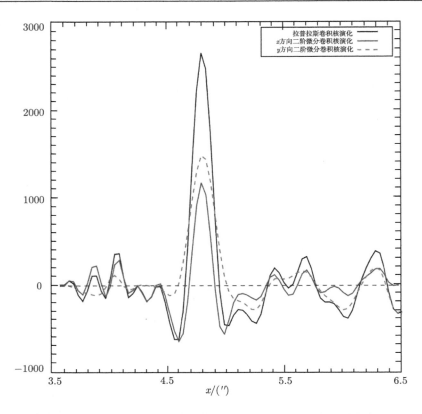

图 6.17　图 6.16 中白线上经过亮点区域的线段的放大图 (后附彩图)

6.3　结果和讨论

　　我们通过前面介绍的算法识别和跟踪了 2010 个亮点, 其中 1306 个是孤立亮点, 占所有亮点的 64.9%, 余下 704 个是非孤立亮点, 占比为 35.1%。区域 A, B 中识别和跟踪到的亮点数分别为 404 和 297, 而孤立亮点所占的比重分别为 65.5% 和 62.9%。区域 C 中所出现的亮点较少, 在识别了的 19 个亮点中, 只识别出一个非孤立亮点, 区域 C 中的孤立亮点的比重较大。但是由于样本太少, 区域 C 所得到的结果不具备统计意义, 因此, 在后面的统计工作中我们主要针对区域 A 和 B 来进行对比研究。Muller[284] 发现了 15% 的亮点发生过分裂。Muller 和 Roudier[285] 进一步发现有 15%~30% 的亮点发生过分裂。不过他们都没有观测到发生融合的亮点。这有可能跟他们观测的数据的时间和空间分辨率以及数据的质量有关系。我们的结果中发生过分裂和融合的亮点占所有亮点的 30%~40%。

在我们研究这套资料中的亮点时，有意地避开了黑子，避开黑子后的区域大小为 2151.9 Mm^2。一帧图像上识别出来的亮点的数量除以该区域面积 2151.9 Mm^2，就得到该帧图像的亮点数密度。每一帧图像都用这种计算方法得到一个亮点数密度值。最后我们对所有帧图像的亮点数密度求平均就得到了亮点平均数密度值 0.25 $BP·Mm^{-2}$(BP 为亮点的简称)。运用同样的方法，我们计算了区域 A, B 和 C 的亮点数密度，分别为 0.46 $BP·Mm^{-2}$, 0.38 $BP·Mm^{-2}$ 和 0.02 $BP·Mm^{-2}$。关于活动区，Feng 等 [286] 发现亮点数密度为 0.32 $BP·Mm^{-2}$。Keys 等 [287] 则发现亮点数密度为 0.38 $BP·Mm^{-2}$。针对宁静区，Almeida 等 [41] 发现亮点数密度为 0.3 $BP·Mm^{-2}$。Almeida 等 [288] 发现亮点数密度为 0.97 $BP·Mm^{-2}$。我们还发现，在活动区附近亮点并不是均匀分布的，在区域 A, B, C 中，亮点数密度分别为 0.46 $BP·Mm^{-2}$, 0.38 $BP·Mm^{-2}$, 0.02 $BP·Mm^{-2}$。

我们还计算了亮点的面积覆盖率。面积覆盖率的计算方法也很简单，也就是针对一个研究区域，我们用该区域中一帧图像上所识别的亮点的总面积除以该区域的面积。每一帧图像都作相同的计算，最后将所有图像所得到的面积覆盖率求平均即得到平均的亮点面积覆盖率。在整个视场内，亮点面积覆盖率为 0.57%。Ji 等 [289] 发现亮点面积覆盖率为 0.2%~1.99%。Feng 等 [286] 发现亮点覆盖率为 1.3%。我们的结果比他们的稍低。更进一步地，我们发现区域 A, B, C 中的亮点面积覆盖率有很大不同，它们分别为 1.1%, 0.82% 和 0.04%。由此可见，同样在活动区，不同区域的亮点数密度和亮点面积覆盖率有很大不同。

根据前文介绍，区域 A, B, C 的背景磁场依次减弱，而且区域 A 的亮点数密度和面积覆盖率在三个区域中最大，区域 B 次之，区域 C 最小。由此我们可以得出结论：亮点的数量分布和面积覆盖率跟背景磁场正相关。背景磁场强的区域，亮点数量分布多，面积覆盖率大；而背景磁场弱的地方，亮点数量少，面积覆盖率小。

6.3.1　寿命

在研究工作中，亮点的分裂和融合通常会被当作一个新亮点的产生或者一个亮点的寿命的结束。我们认为，亮点作为磁通量管足点的示踪者，它的分裂和融合可以很好地体现出磁通量管的演化。而且，一个磁通量管的分裂和融合不仅是磁通量管本身演化的一部分，更在上层大气磁场的演化中扮演着重要角色。在本工作中，我们将亮点的分裂和融合当作是亮点演化中的一部分。因此，对于一个亮点的寿命，我们定义如下：一个亮点从第一次出现到最后消失的时间间隔称为该亮点的寿命。如果一个亮点在这一帧出现，且在前一帧图像上的相同位置处没有出现，那么认为这一帧图像的观测时间即为该亮点的出现时间。相应地，如果一个亮点在这一帧图像中出现，在下一帧图像相同位置处没有出现，那么认为这一帧图像的观测时间即为该亮点的消失时间。

我们一共识别和跟踪了 2010 个亮点。其中 1306 个是孤立亮点，704 个是非孤立亮点。针对这些亮点，我们统计了它们的寿命分布。图 6.18 给出了统计结果。(a) 图是 1306 个孤立亮点 (黑色圆点) 和 704 个非孤立亮点 (三角形) 的统计图；(b) 图为孤立亮点在区域 A (黑色圆点) 和区域 B (三角形) 中的寿命统计结果；而 (c) 图则是非孤立亮点在区域 A (黑色圆点) 和区域 B (三角形) 中的寿命统计结果。三个子图中的平滑曲线 (黑实线和虚线) 是对它们拟合的结果。图中可以看出，孤立亮点和非孤立亮点的寿命分布符合对数正态分布。

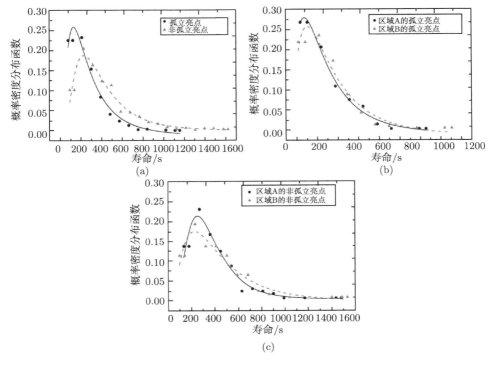

图 6.18 寿命分布图

图 6.18 中拟合曲线对应的拟合函数为

$$y = y_0 + \frac{A}{\sqrt{(2 \times P_1)} \times w \times x} \times \exp\left(\frac{-\left(\ln \dfrac{x}{x_c}\right)^2}{2 \times w^2}\right) \tag{6.11}$$

我们通过拟合函数 (6.11) 得到的参数列入表 6.1 中。从表中可以看出，在整个视场内，孤立亮点的平均寿命为 (267 ± 140) s。所有识别出来的孤立亮点中，有 10% 的寿命大于 459 s。对于非孤立亮点，在整个视场内，它的平均寿命为 (421 ± 255) s。在所有识别出来的非孤立亮点中，有 10% 的寿命大于 459 s。对于所有的识别和跟踪的 2010 个亮点，它们的平均寿命为 (320 ± 203) s，其中 10% 的寿命长于 567 s。Möstl 等[43]得到活动区亮点的寿命为 (243 ± 127) s，与我们孤立亮点的统计结果相近。Utz 等 [45] 得到宁静区孤立亮点的平均寿命为 (150 ± 3) s。Nisenson 等 [48] 得到亮点的寿命为 552 s。孤立亮点在区域 A, B 和 C 中的平均寿命分别为 (257 ± 131) s, (263 ± 135) s, (289 ± 116) s。非孤立亮点在区域 A, B 和 C 中的平均寿命分别为 (401 ± 212) s, (412 ± 244) s, 486 s。区域 A 中孤立亮点和非孤立亮点的平均寿命均短于区域 B 中的寿命。区域 B 中孤立亮点和非孤立亮点的平均寿命均短于区域 C 中的平均寿命。由此, 背景磁场强的区域亮点寿命平均上短于背景磁场较弱的区域。

表 6.1　孤立亮点和非孤立亮点的寿命　　　　　　　　　　(单位:s)

	平均寿命	10% 的寿命
孤立亮点	267 ± 140	459
	257 ± 131 (A^1), 263 ± 135 (B^2), 289 ± 116 (C^3)	
非孤立亮点	421 ± 255	769
	401 ± 212 (A), 412 ± 244 (B), 486 (C)	
所有演化的亮点	320 ± 203	567

注: 1 区域 A 正演化的亮点; 2 区域 B 正演化的亮点; 3 区域 C 正演化的亮点.

6.3.2　面积和等效直径

与亮点寿命的统计方法相类似, 针对一个亮点在其寿命中的某个时刻, 无论其正在发生分裂还是融合, 在此时刻所拥有的大小即为该亮点在此时刻的面积。关于亮点的面积的统计方法一共有两种: 一种方法是针对每一个亮点, 计算出其平均面积然后对所有亮点的平均面积进行统计; 第二种方法是针对每一个亮点, 得出其每一个时刻的面积, 然后将所有亮点的每一个时刻的面积都放在一起进行统计。为了增加统计样本, 我们采取第二种方法对亮点的面积进行统计研究。

从图 6.19(a) 可以看出, 视场内的孤立 (黑色圆点) 和非孤立 (三角形) 亮点的面积均服从对数正态分布, 这与 Crockett 等 [290] 的观测结果一致。更进一步地，我们可以看出非孤立亮点的面积分布范围要比孤立亮点宽很多。这是因为，非孤立亮点在它们的演化过程中有某一个时刻是在分裂或者融合，发生分裂之后一个大亮点变成几个小亮点，发生融合之前的几个小亮点融合成为一个大亮点。这些过程都是非孤立亮点

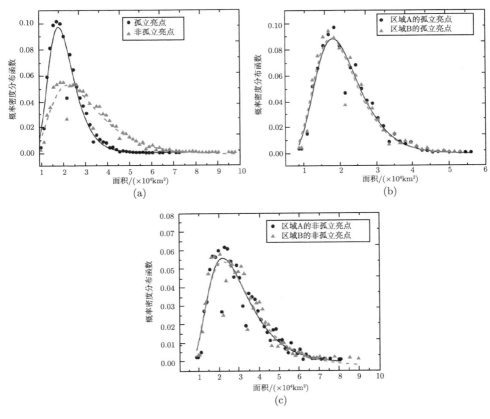

图 6.19 面积分布图

(a) 图是所有识别和跟踪的孤立亮点 (黑色圆点) 和非孤立亮点 (三角形) 的面积分布图; (b) 图是孤立亮点在区域 A (黑色圆点) 和 B (三角形) 中的面积分布图; (c) 图是非孤立亮点在区域 A (黑色圆点) 和 B (三角形) 中的面积分布图

面积变化范围比孤立亮点面积变化更宽的原因。图 6.19 中的平滑黑色实线和虚线为对应的对数正态分布的拟合结果。这里所用的拟合函数已经在公式 (6.11) 中列举出。由 (b) 和 (c) 图我们可以看出，孤立亮点在区域 A 和 B 中的面积分布几乎一致。非孤立亮点在区域 A 和区域 B 中的面积分布也一致。由此，我们可以推断出孤立亮点和非孤立亮点的面积分布与背景磁场强弱无关。这一推论也与 Crockett 等 [290] 的数值模拟结论一致。

整个视场内的孤立亮点和非孤立亮点的平均面积分别为 $(2.15 \pm 0.74) \times 10^4$ km^2, $(3.00 \pm 1.31) \times 10^4$ km^2。孤立亮点在区域 A, B 和 C 中的平均面积分别为 $(2.18 \pm 0.73) \times 10^4$ km^2, $(2.16 \pm 0.75) \times 10^4$ km^2 和 $(2.10 \pm 0.61) \times 10^4$ km^2。非孤立亮点在区域 A, B 和 C 中的平均面积分别为 $(2.95 \pm 1.23) \times 10^4$ km^2, $(2.97 \pm 1.28) \times 10^4$ km^2 和 $(2.42 \pm 0.81) \times 10^4$ km^2。有 10% 的孤立亮点面积大于 7.67×10^4 km^2, 10% 的非孤立亮点面积大于 12.3×10^4 km^2，见表 6.2。

表 6.2　孤立亮点和非孤立亮点的面积对应的参数　　　　　(单位: $\times 10^4$ km^2)

	平均寿命	10% 的寿命
孤立亮点	2.15 ± 0.74	7.67
	2.18 ± 0.73 (A), 2.16 ± 0.75 (B), 2.10 ± 0.61 (C)	
非孤立亮点	3.00 ± 1.31	12.3
	2.95 ± 1.23 (A), 2.97 ± 1.28 (B), 2.42 ± 0.81 (C)	

为了与他人工作进行对比，我们计算了亮点的等效直径。亮点的形状大多数为椭圆形，一部分为链式结构，一部分为圆形。为了使亮点的大小有一个统一而直观的描述，我们用等效直径来表示亮点的尺寸。亮点等效直径的计算方法很简单。首先计算出一个亮点的面积，然后这个亮点的面积等效成为一个圆的面积。这个等效圆所对应的直径就是亮点的等效直径。如图 6.20 所示，黑圆点为整个视场内的孤立亮点的分布，

黑色实线为对应的对数分布函数的拟合结果。黑色三角形为整个视场内非孤立亮点的分布。黑色虚线为对应的对数分布函数的拟合结果。孤立亮点在整个视场内的平均等效直径为 (163 ± 27) km，非孤立亮点的平均等效直径为 (191 ± 40) km。

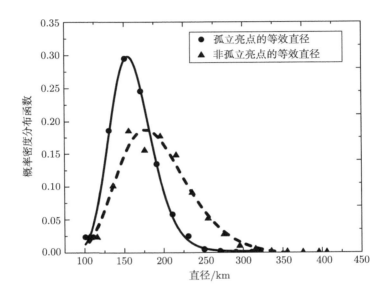

图 6.20 亮点等效直径分布图

黑色圆点为视场内孤立亮点的分布，黑色实线为对数正态分布拟合；黑色三角形为视场内非孤立亮点的分布；黑色虚线为对数正态分布拟合；这里所用的拟合函数已经在公式 (6.11) 中列举出

更进一步地，我们统计了亮点第一次出现和最后一次出现，以及亮点在其寿命中尺度最大时刻所对应的等效直径分布图和它们之间的比值分布图。如图 6.21 所示，(a) 图中黑色实线直方图为孤立亮点第一次出现时刻的等效直径分布图。黑色线点直方图为孤立亮点最后一次出现时刻的等效直径分布图。由于孤立亮点第一次出现和最后一次出现的分布图几乎相同，我们用同一个拟合曲线来表示它们的分布 (黑色实线)。虚线直方图为孤立亮点的分布图，虚线平滑线为拟合结果。孤立亮点第一次出现和最后一次出现的等效直径分布图均服从对数正态分布。图

6.21(b) 的虚线直方图为孤立亮点最后出现时刻的等效直径与第一次出现时刻的等效直径的比值分布图。虚线为高斯分布拟合结果。图 6.21(b) 的实线直方图为孤立亮点的寿命中面积最大时刻对应的等效直径与第一次出现时刻的等效直径的比值分布图。实线平滑线为对数正态分布拟合结果。

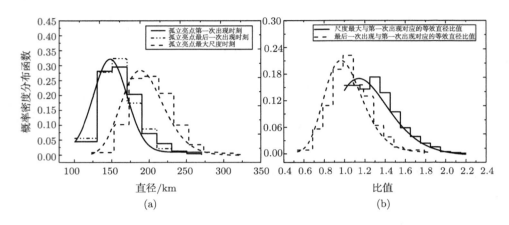

图 6.21　孤立亮点第一次出现，最后一次出现以及其最大尺度时刻所对应的等效直径统计图和它们之间的比值分布图

(a) 中黑色连续直方图为孤立亮点第一次出现时刻的等效直径分布图，黑色线点直方图为孤立亮点最后一次出现时刻的等效直径分布图，虚线直方图为孤立亮点在其寿命中最大尺度对应的等效直径分布图，图中的光滑曲线为对应的对数正态分布拟合结果；(b) 中虚线直方图为孤立亮点最后一次出现时刻对应的等效直径与其第一次出现时刻对应的等效直径的比值分布图，光滑虚线为高斯拟合结果，实线直方图为孤立亮点在尺度最大时刻对应的等效直径与其第一次出现时刻对应的等效直径的比值，黑色光滑曲线为对数正态分布拟合结果

图 6.21 中高斯分布对应的拟合函数为

$$y = y_0 + \frac{A}{\sqrt{P_1/2} \times w} \times \exp\left(-2 \times \frac{(x - x_c)^2}{w^2}\right) \tag{6.12}$$

6.3.3 亮度对比度

这一小节，我们研究亮点的亮度对比度。亮点的亮度对比度 C_0 定义如下：

$$C_0 = (I_a - I_q)/I_q, \tag{6.13}$$

其中，I_a 是亮点在某一观测时刻在某一帧图像中的平均亮度。在某一个观测时刻出现的亮点的平均亮度的求取很简单。在此观测时刻对应的图像上，我们先获取到亮点对应的所有像素位置，然后对这些像素所拥有的亮度求平均，即为亮点在这个观测时刻的平均亮度。需要注意的是，我们计算的是亮点的平均亮度而不是亮度最大值。主要原因是，亮点的平均亮度在一定程度上可以很好地提高亮度的信噪比，这样可以较好地代表亮点的亮度；而亮点亮度最大值是获取亮点所对应像素中的最大亮度值，这个最大亮度值仅仅对应其中一个像素的值，因此，它也很有可能是噪声，或者是被平滑过的噪声，这样就大大降低了信噪比。因此我们采用平均亮度来代表亮点的亮度。I_q 是同一帧图像中的平均背景亮度。我们是这样计算平均背景亮度的：首先选取一块区域，这个区域没有黑子，没有磁孔，也没有强的磁汇聚等特征，这个区域仅仅包括对流运动中的米粒组织和零星的亮点；选好区域之后，我们就将该区域当作亮点所在环境的背景，那么该区域的平均亮度就是平均背景亮度。

图 6.22 为亮点亮度对比度分布图。(a) 图中的黑色圆点和三角形分别代表孤立亮点和非孤立亮点在整个视场内的亮度对比度分布。对应的黑色实线和平滑虚线为高斯拟合曲线。拟合函数已经在方程 (6.12) 中给出。竖直的虚线为对应的高斯曲线的均值。可以看出，在亮度对比度分布上，非孤立亮点的亮度对比度值在平均上比孤立亮点的大。根据公式 (6.13)，我们可以得到亮点的平均亮度与平均背景亮度的比值，即 C_0+1。那么，由 (a) 图可以看出非孤立亮点相对平均背景亮度的比值大于孤立

亮点与平均背景亮度的比值。(b) 图中黑色圆点和三角形分别为孤立亮点在区域 A 和区域 B 中的亮度对比度分布图。而黑色实线和虚线分别为它们对应的高斯拟合曲线。同样地，(c) 图中黑色圆点和三角形分别为非孤立亮点在区域 A 和区域 B 中的亮点对比度分布图。黑色实线和虚线分别为它们对应的高斯拟合曲线。从 (b) 和 (c) 图我们可以看

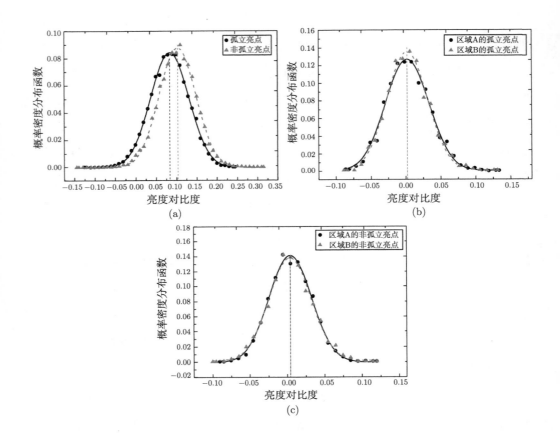

图 6.22　亮点亮度对比度

(a) 图中黑色圆点为孤立亮点亮度对比度分布图, 黑色光滑曲线为对应的高斯拟合结果, 三角形为非孤立亮点的亮度对比度分布图, 虚线为对应的高斯曲线拟合结果；(b) 图为孤立亮点在区域 A (黑色圆点) 和区域 B (三角形) 中的亮度对比度分布图；(c) 图为非孤立亮点在区域 A (黑色圆点) 和区域 B (三角形) 中亮度对比度分布图, 其中黑色平滑实线和平滑虚线为对应的高斯拟合

出，孤立亮点的亮度对比度在区域 A 和区域 B 中的分布几乎是一致的。同样地，非孤立亮点的亮度对比度在区域 A 和区域 B 中的分布也几乎是一致的。由此我们可以推论，孤立亮点和非孤立亮点的亮度不受背景磁场的影响。

通过表 6.3，我们可以更清楚地了解孤立亮点和非孤立亮点亮度对比度的参数值。孤立亮点的亮度对比度的均值和非孤立亮点均方根分别为 0.084 ± 0.047, 0.104 ± 0.045。孤立亮点在区域 A 和区域 B 中的亮度对比度的均值和均方根分别为 0.002 ± 0.031, 0.002 ± 0.028。非孤立亮点在区域 A 和区域 B 中的亮度对比度的均值和均方根分别为 0.004 ± 0.028, 0.004 ± 0.028。通过表 6.3 我们也可以看出，孤立亮点和非孤立亮点在区域 A 和 B 中的亮度对比度的均值和宽度几乎没有变化；而在区域 A 和区域 B 中，非孤立亮点的均值比孤立亮点的均值要大。有 10% 的孤立亮点的亮度对比度大于 0.144, 10% 的非孤立亮点的亮点对比度大于 0.160。

表 6.3　孤立亮点和非孤立亮点亮度对比度高斯拟合参数

	均值、均方根	10% 最大亮度对比度
孤立亮点	0.084 ± 0.047	0.144
	0.002 ± 0.031 (A), 0.002 ± 0.028 (B)	
非孤立亮点	0.104 ± 0.045	0.160
	0.004 ± 0.028 (A), 0.004 ± 0.028 (B)	

从图 6.22 中可以看出有一部分亮点的亮度对比度是负值。根据公式 (6.13) 可以看出，我们并不是简单地用亮点的平均亮度值除以它对应的平均背景亮度值，而是除以它对应的平均背景亮度值之后再减去 1。这样我们得到的就不是亮度的相对值而是超出平均背景亮度值的百分比。那么这里的负值就可以理解为，当亮点的平均亮度值小于它对应的平均背景亮度值时，我们就得到了负的亮度对比度值。在一定程度上也可以说明这样的亮点为暗弱的亮点。当然，这并不代表这样的亮点暗弱到不

可见或不可识别的程度。因为亮点位于暗的米粒通道里，我们说它比较亮，针对的也是它所处的环境；一个暗弱的亮点在暗的米粒通道内仍然是相对比较亮的亮点。然而，我们计算的平均背景亮度值则不仅仅包含暗的米粒通道，更多的是亮的米粒元胞。这样，当我们计算得到负的亮度对比度时，并不代表该亮点暗弱不可见而只是说明该亮点比背景中的米粒暗弱。

6.4　亮点的演化分析

我们的研究结果显示，非孤立亮点占所有亮点的 30%～40%。这些非孤立亮点的分裂和融合展示和追踪了磁通量管的分裂和融合等演化过程。因此，研究光球亮点，特别是非孤立亮点的演化对我们更好地理解磁通量管的演化以及其在上层大气中的演化有很大帮助。在这一节中，我们分析非孤立亮点在演化过程中的分裂、融合现象以及在对流作用下的涡旋运动。

6.4.1　事例一：亮点的自身形变

我们注意到一些亮点在受到米粒挤压过程中不断地发生形变。亮点本身在对流作用下发生形变是一个很常见的事情。

观测、数值模拟和理论上均支持亮点在一定程度上示踪磁通量管的观点 [291, 292, 34]，而且有理论研究表明磁通量管足点内部的涡旋运动可以激发阿尔文波 [293]。阿尔文波沿着磁通量管向上传播至色球和日冕层并耗散掉能量来加热色球和日冕层。从这一角度来讲，作为磁通量管在光球足点的示踪者，光球亮点在演化中发生的形变就变得很重要了。

图 6.23 展示了一个孤立亮点在对流作用下发生形变和旋转的事例。首先图 6.23(a) 中圆圈圈着一个细长的亮点。该亮点位于狭窄的米粒通道内部。图 6.23(a) 到图 6.23(b) 有 54 s 的间隔，该亮点形状并没有发生

大的变化，但是亮度比之前更亮了。到了图 6.23(c) 中，亮点发生了细微的变化。首先，面积开始变小。其次它周围的米粒通道变得比之前要宽一些。或者说亮点周围的热等离子体冷却回落到亚光球层，因而该亮点周围的气体压强变弱。到了图 6.23(d) 就更明显地看出，亮点不再是一个细线形状，而是变成了圆形。这时，亮点的面积明显比之前小，同时它周围的米粒通道也更宽。到了图 6.23(e)，亮点的亮度变弱了。只是米粒通道比图 6.23(d) 中的稍微窄一些。图 6.23(f) 中亮点的亮度再度变亮，并且在其左右两边的米粒推挤下，米粒通道开始变得狭窄。米粒通道内部的亮点的形状也随之变得细长。图 6.23(g)~(i) 中这两个米粒继续相互推挤使得米粒通道越来越狭窄，亮点也变得更加细长。同时亮点的亮度也变得比之前更亮。

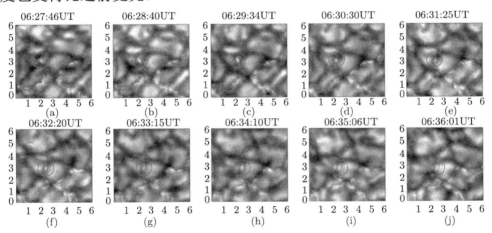

图 6.23　亮点演化中的形变

图中横坐标为 x，单位为角秒；纵坐标为 y，单位为角秒

从图 6.23 中可以看出，亮点的亮度变化跟它所在的米粒通道的环境有很大关系。如果米粒通道被米粒推挤得很狭窄，那么亮点的亮度就会变得很亮。而如果米粒通道周围的米粒开始冷却回落到亚光球层，其周围的气压降低，米粒通道就变得很宽。根据压强平衡，亮点所在的磁通量管由于外界的压强变弱开始向外膨胀。膨胀了的磁通量管的足点变

大之后，磁通量管足点在亚光球层向外辐射的光子的辐射区域就开始变大。一定量的光子，辐射区域变大时，亮度就自然而然没有那亮了，而且亮点的形状开始变成圆形。这就导致我们看到，当亮点被挤压为细线的时候亮度比较亮，而亮点由于米粒通道变宽而变成圆形时亮度就没有那么亮了。

从图 6.23(a)~(i) 中我们可以看出亮点的朝向发生了很大的变化。我们粗略地测量了这个角度，大约转了 50°。在对流作用下，亮点的形状发生由细条形到圆形再到另一个朝向的细条形的变化。一方面可以看出，该亮点所在的磁通量管的形状发生了变化，也更进一步说明光球中的磁通量管的形状很大程度上受米粒作用的限制和影响并且在不断地发生变化。另一方面，该亮点所示踪的磁通量管的形状变化也导致其内部等离子体的运动和分布随之发生变化，而这种等离子体运动和分布随着磁通量管的形态变化而发生变化，很可能会进一步激发磁流体力学波并上传到上层大气中。因此，我们认为这是一个很重要的现象，并需要在后续的工作中更进一步地深入研究。

6.4.2　事例二：亮点在涡旋运动中的演化

图 6.23 展示的是亮点在涡旋运动中的演化过程。涡旋运动往往发生在几个米粒交汇处。在米粒交汇处，等离子体冷却回落到亚光球层的过程中由于等离子体角动量损失造成了涡旋运动[294]。涡旋运动在光球层的米粒通道内部无处不在地发生。只是，涡旋运动的尺度比较小，而且米粒通道比较暗，目前观测手段很难观测到。而观测涡旋运动很好的一个办法，就是观察米粒通道中的亮点是否有成群结队地沿着涡旋运动的轨迹。因此，除了示踪磁通量管，光球亮点还可以很好地示踪涡旋运动。沿着涡旋运动而运动的光球亮点最有可能激发阿尔文波[293]。因此研究涡旋运动有着重大的物理意义。

图 6.24(a) 中有一个大圆和一个小圆。它们分别圈着不同的亮点。如图 6.24(a) 中的大圆所示，里面有一个链式亮点紧紧地围绕着其右边的小米粒，该亮点亮度并不是很强。紧接着，该链式亮点开始发生分裂，并且在 48 s 内分裂成两个亮点 (图 6.24(b))。这两个分裂后形成的亮点先后围绕着它们右边的米粒做顺时针运动。先是领先的亮点顺时针运动远离后随的亮点。当领先的亮点绕到米粒的正上方时，后随亮点紧跟着朝相同的方向运动。最后，后随亮点跟上领先的亮点，两个亮点再次合并到一起 (图 6.24(c)~(g))。在这个过程中，大圆右下角处逐渐出现一个大亮点 (图 6.24(a)~(b))。这个大亮点并没有随着前两个小亮点做顺时针涡旋运动，而是缓慢地向左水平移动。大圆中的这三个亮点所围绕的米粒最后破碎掉，并且它所在的位置被围着它的三个亮点所占据。这个被围绕着的米粒破碎掉的原因有两种可能：一种是涡旋运动本身造成其破碎；另一个比较直观的原因就是，亮点所示踪的磁通量管沿着涡旋运动的轨迹围绕着这个小米粒顺时针旋转，最后将其破碎。

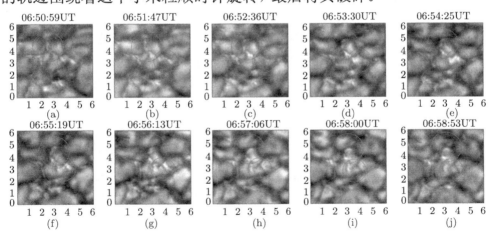

图 6.24　涡旋运动中的亮点的演化

图中横坐标为 x，单位为角秒；纵坐标为 y，单位为角秒

图 6.24 中参与涡旋运动的除了大圆圈起来的亮点外，还有另外一些被小圆圈起来的亮点。图 6.24(a) 中的小圆中先是有两个亮点，然

而在接下来的 2 min 内，这两个亮点都变得很弱几乎辨识不出来 (图 6.24(a)∼(c))。在接下来的 1 min 内，这个区域再度出现亮点并且亮点的左上部分开始向左快速移动。向左快速移动的亮点的左边有一个米粒。该亮点将米粒右边界向左挤压并挤压出与亮点一致的形状 (图 6.24(d)∼(i))。图 6.24(j) 为涡旋运动结束后的亮点分布。单纯从大圆和小圆的相对位置可以很明显地看出，它们所圈着的亮点围绕着某一个点顺时针旋转了一定的角度。在这个过程中，我们看到亮点的分裂和融合，整体地顺时针运动以及在涡旋运动下破碎掉米粒。

6.4.3　事例三：亮点的融合

两个亮点发生融合，那么亮点所示踪的磁通量管也同样发生了融合。不过造成亮点所示踪的磁通量管融合的原因还不清楚。在这一小节，我们从观测的角度重点分析由多个亮点融合为一个亮点的事例。

图 6.25 展示了亮点融合的过程。从图 6.25(a) 中，我们可以看出有五个面积比较小的亮点相互挨得比较近，并处于四个米粒汇聚之处 (见箭头所指处)。约 51 s 之后，这五个亮点相互间挨得更近了，很难辨清它们之间的边界 (图 6.25(b))。而在这 51 s 内，亮点周围的这四个米粒并没有发生很明显的变化。又过了 52 s，这五个小亮点已经融合成为一个亮点 (图 6.25(c))，而且在箭头所指方向的一个米粒以及箭头所处位置的米粒开始朝向融合后的亮点膨胀。到了图 6.25(d)，亮点已经变成了细线形状。它的亮度也变得更加亮了。亮点所处的米粒通道也变得更加狭窄。这个状态持续了约 107 s(图 6.25(d)∼(f))，在这个阶段，亮点右上角对应的米粒开始冷却向下回落。107 s 之后亮点左下角对应的米粒也开始冷却向下回落，这样亮点周围的米粒通道开始变得越来越大 (图 6.25(g)∼(i))。在这个过程中，亮点的形状和亮度也逐渐发生变化。首先是形状慢慢地由细线逐渐舒展开来最后变成一个圆形的亮点；其次就是亮度；亮点的

亮度在其被挤压成为细线的时刻最亮，而成为圆形后变得相对较弱并逐渐消失掉 (图 6.25(i)~(j))。

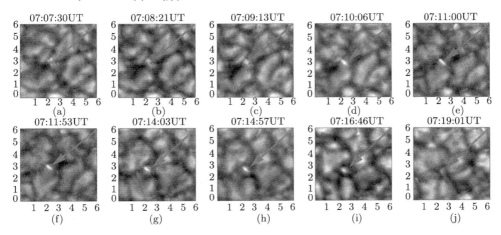

图 6.25　亮点的融合

图中横坐标为 x，单位为角秒；纵坐标为 y，单位为角秒

　　在这个过程中，并没有发现米粒通道有明显的变窄，或者附近的米粒有明显的变化。所以，我们不能够完全确定是否是对流作用造成的亮点融合。在涡旋运动演化的事例中，也有亮点发生融合。在上一个事例中，两个亮点一个追赶上另外一个并发生了融合。通过这两个事例，我们推论，造成亮点发生融合的物理原因，一方面是亮点碰撞运动；另一方面可能是米粒的对流作用。然而，我们对亮点融合的物理过程仍然知之甚少，这需要我们更进一步地去深入研究。

6.4.4　事例四：亮点的分裂

　　亮点的分裂是亮点演化中一个很常见的现象。类似于融合，亮点的分裂也很好地示踪了它们对应磁通量管的分裂。因此研究亮点的分裂现象以及其背后的物理原因，有助于我们更好地理解磁通量管的基本性质，以及分裂和融合现象对上层大气磁场分布的影响。

　　图 6.26 展示了一个链式亮点的分裂过程。图 6.26(a) 中有一个链

式亮点位于狭窄的米粒通道里，这个狭窄的米粒通道由三个米粒边界组成，链式亮点所在的米粒通道的左侧有一个大的米粒，其右侧有两个小米粒。这三个米粒在向外膨胀过程中将该米粒通道推挤成细长的一条线，使其仅能容纳下一个细长的链式亮点。这种状态持续了约 2 min(图 6.26(a)~(e))。在这 2 min 内，亮点的形状没有发生太大的变化，然而其左侧的米粒不断朝亮点所在的位置膨胀 (图 6.26(a)~(j) 中该米粒的形状和位置的变化)。亮点右上侧的米粒开始下沉直至消失掉。亮点右下侧的米粒也开始不同程度地下沉，最后成为很小的一个小米粒。在亮点右侧两个米粒变暗下沉的过程中，亮点所在的米粒通道逐渐变宽。然而在最初，该亮点并没有因此而变暗，在其左侧米粒不断膨胀推挤的作用下，亮点仍然保持它的亮度。然而当左侧米粒的膨胀没有那么明显时，以及右上侧米粒整体下沉、右下侧米粒也不断下沉的过程，亮点的亮度开始变暗弱。在亮点底端尾巴处有暗弱的亮点开始向下运动，紧接着亮点成为了几个小颗粒组成的"链式"亮点，然后这些小颗粒状的亮点开始一个个地向底部运动，远离亮点原来所处的位置直至将其完全撕裂。分裂后

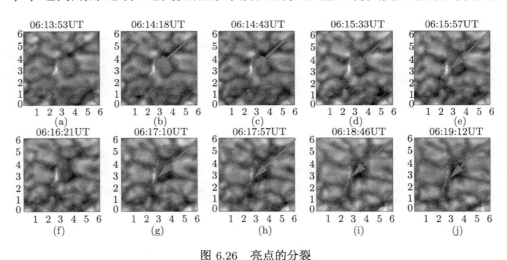

图 6.26　亮点的分裂

图中横坐标为 x，单位为角秒；纵坐标为 y，单位为角秒

的小亮点的亮度并没有变亮，而是变得越来越暗弱最后一个个消失掉。我们认为，分裂后的亮点消失掉的很重要的一个原因是它们所处的环境是一个很宽的米粒通道；如果米粒通道再次变狭窄，分裂后的亮点很可能还会再次变亮并延续其寿命。

有理论分析亮点分裂的物理原因主要是凹槽不稳定性[62]，亮点所对应的磁通量管在米粒通道中受到对流运动的轻微扰动，轻微的扰动激发了处于亚稳态的磁通量管并触发其发生分裂。

6.4.5 事例五：亮点的融合和分裂

一个亮点在其演化过程中，有一些并未发生分裂和融合，有一些仅发生融合，有一些仅发生分裂。然而还有一些不仅发生分裂还发生融合。在目前来看，引发亮点发生分裂和融合的具体原因还不是很清楚。这需要我们更进一步地研究和探讨。什么情况下亮点会发生分裂？什么情况下亮点会发生融合？什么情况下亮点不会发生分裂也不会发生融合？在作深入研究前，我们需要通过观测角度分析不同的事例，通过更多样本的分析，直观地研究它们的演化过程。

图 6.27 展示了一个经历分裂、融合，最后又分裂的复杂演化过程的亮点。图 6.27(a) 中箭头指向一个圆形亮点，这个亮点处于由三个米粒组成的米粒通道里。约 26 s 之后亮点开始变成细长形状，然后分裂成为两个小亮点 (图 6.27(b)~(c))，分裂后的两个小亮点并没有消失掉或者被推挤到很远的地方。在它分裂成为两个小亮点之后的 1 min 内又融合成为一个亮点 (图 6.27(c)~(e))。在这个过程中，这个亮点左侧的两个米粒并没有发生明显变化，而其右侧也就是距离亮点最近的那个米粒则不断地向周围膨胀，使得它与亮点的距离越来越近，亮点所在的米粒通道也开始变得狭窄。到了图 6.27(f)，一个狭窄的米粒通道就完全形成了，而这时亮点也已经完成了融合，并且亮点的亮度变得比之前更亮。在随后的

几分钟内，亮点被继续推挤和拉长，最后亮点的一个尾巴在米粒的推挤作用下脱离亮点并向较宽的米粒通道处移动 (图 6.27(h)～(j))。

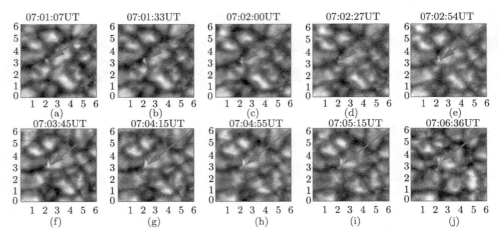

图 6.27　亮点的融合和分裂

图中横坐标为 x，单位为角秒；纵坐标为 y，单位为角秒

通过这个事例，我们可以直观地给出一些结论：亮点的分裂和融合，与光球的对流作用以及米粒的膨胀有紧密的关系。然而，我们需要通过理论模型和数值模拟来对亮点的分裂和融合作更深入的研究。

6.5　小　　结

NVST 所处的环境具有非常优良和稳定的视宁度，这允许我们在一个比较稳定的视宁度环境中进行长时间、不间断的观测。NVST 优质的观测条件让我们能够观测到两种演化类型的亮点：孤立亮点和非孤立亮点。孤立亮点是那些在寿命演化中没有发生过分裂和融合的亮点，而非孤立亮点则是那些发生过至少一次分裂或者融合的亮点。NVST 的长时间高分辨的观测使得孤立亮点的很多演化特征都能够得到比较完整的考察。比如，亮点的亮度会出现不同程度的起伏，在连续观测的情况下，我们就可以避免某一时刻因为亮点亮度下降得比较厉害而将其误判为消失的情况。

我们识别、跟踪了光球层活动区附近的亮点，并把它们分类为孤立亮点和非孤立亮点。我们也发现，亮点的分裂和融合是亮点演化中很重要的一个特征。我们的识别结果显示，35% 左右的亮点在它们的寿命中发生过分裂或者融合。假设我们观测到的光球亮点是磁通量管在光球足点的示踪者，那么我们可以推论，光球亮点所示踪的磁通量管也发生了分裂或者融合。因此，我们进一步认为，分裂和融合是磁通量管的一个基本的演化特征。

我们依照亮点分布密度特征划分了三个区域。其中区域 A 中有稠密分布的亮点，并且有两个小磁孔；区域 B 中的亮点数量稍微少一些，但是也有一些带状分布的亮点；区域 C 中亮点最少，几乎没有亮点出现。我们发现，区域 A, B 和 C 中的平均背景磁场分布也是由大到小。我们识别的亮点数量从区域 A 到区域 C 也是由多变少。

我们发现，孤立和非孤立亮点的寿命分布服从对数正态分布。区域 A, B 和 C 中的亮点的平均寿命随背景磁场的减弱而增加。我们推论这与背景磁场对流的限制有关。当对流运动被背景磁场限制的时候，亮点就处于亚扩散状态；而在背景磁场弱的区域，对流运动受磁场限制较弱，则这些亮点处于随机运动状态。然而在背景磁场强的区域，亮点的寿命是如何被影响的，仍然需要我们进一步深入研究。

孤立亮点和非孤立亮点的面积服从对数正态分布，并且区域 A, B 中亮点的面积分布基本一致，我们认为亮点的面积不受背景磁场的影响。一个亮点的面积大小应与磁通量管本身的形状密切相关，那么我们进一步推论，磁通量管的形状不受背景磁场影响。

孤立亮点和非孤立亮点的亮度对比度均服从高斯函数，且亮点的亮度变化独立于背景磁场的变化。理论上，我们可以认为亮点扎根于光球磁通量管的足点处，并且亮点是在光球底部穿过这些足点辐射出来的光子。因为光子之间的辐射是相互独立的，那么，通过一个圆形足点的横截面的光子的数量和强度分布也呈现正态分布。这样，每一个光球亮点的亮度都服从高斯分布，因此亮度的强弱与背景磁场无关，亮点的亮度变化独立于背景磁场。但是是哪些因素影响了亮点亮度的变化呢？这需要我们更深入地讨论和研究。

我们对亮点的演化进行了分析。首先分析了亮点的形变和旋转。我们发现在对流作用下，亮点的形状会被膨胀的米粒挤压成细丝形状，而亮点周围的米粒冷却下沉之后，亮点的形状又从细丝形状变回到圆形。亮点的形变是在对流作用下时刻都可以发生的现象。除了形变，我们还发现亮点沿着米粒通道中涡旋运动的等离子体的轨迹而运动。在一定程度上，亮点的运动轨迹示踪了涡旋运动。亮点形状的变化也示踪着磁通量管形状的变化。当磁通量管形状发生变化时，其内部的等离子体运动和分布会发生变化。而亮点示踪米粒通道内部的涡旋运动时，也示踪了磁通量管的涡旋运动。磁通量管沿着涡旋运动轨迹发生旋转导致了磁通量管自身磁力线的扭缠，磁通量管的相互扭缠会导致高层大气中的磁重联。

当亮点被米粒挤压成细丝状时，其亮度增强。对于这个现象，我们的解释是，亮点被推挤成一条线时，穿过它辐射出来的光子的数量不变，而横截面变小了，这样光子密度增大，亮度也增大。

最后我们分析了亮点的分裂和融合特征。我们以磁通量管的角度来分析它的分裂。理论上认为，磁通量管的分裂是由磁通量管周围的微小扰动引发的磁通量的不稳定性而导致的。当磁通量管发生分裂时，我们观测的亮点也随之发生分裂。而磁通量管融合的原因尚不清楚。我们观测到的亮点发生融合的时间尺度短于观测的时间分辨率。因此，要从观测上分析亮点发生融合的物理原因，还需要提高观测的时间分辨率。我们更进一步发现，当亮点发生融合时，亮点的亮度变得更亮了。亮点融合的具体物理过程还需要更深一步地去研究。

参 考 文 献

[1] 傅竹风, 胡友秋. 空间等离子体数值模拟. 合肥: 安徽科学技术出版社, 1995.

[2] Langdon A B. Implicit plasma simulation. Space Science Rev., 1985, 42: 67-83.

[3] Matsumoto H, Omura Y. Particle simulation of electromagnetic waves and its application to space plasmas//Matsumoto H, Sato T. Computer Simulation of Space Plasmas. Netherlands: Springer, 1985: 43-102.

[4] Landau L D, Lifshitz E M. Electrodynamics of Continuous Media. Oxford: New York Perganon Press, 1960.

[5] Spitzer L. Physics of Fully Ionized Gases. New York: Interscience, 1962.

[6] Jackson J D. Classical Electrodynamics. New York: John Wiley & Sons, 1975.

[7] 许敖敖, 唐玉华. 宇宙电动力学导论. 北京: 高等教育出版社, 1987.

[8] Krall N A, Trivelpiece A W, Gross R A. Principles of Plasma Physics. New York: McGraw-Hill, 1973.

[9] van Kampen N G, Felderhof B U. Theoretical methods in plasma physics. Amsterdam: North Holland Publication Co., 1967.

[10] Stone J M, Norman M L. ZEUS-2D: A radiation magnetohydrodynamics code for astrophysical flows in two space dimensions. I. The hydrodynamic algorithms and tests. Astrophys. Suppl., 1992, 80: 753-790.

[11] Stone J M, Norman M L. ZEUS-2D: A radiation magnetohydrodynamics code for astrophysical flows in two space dimensions. II. The magnetohydrodynamic algorithms and tests. Astrophys. Suppl., 1992, 80: 791.

[12] Stone J M, Mihalas D, Norman M L. ZEUS-2D: A radiation magnetohydrodynamics code for astrophysical flows in two space dimensions. III. The radiation hydrodynamic algorithms and tests. Astrophys. Suppl., 1992, 80: 819-845.

[13] Hawley J F, Smarr L L, Wilson J R. A numerical study of nonspherical black hole accretion. I. Equations and test problems. Astrophys. J., 1984, 277: 296-311.

[14] Hawley J F, Smarr L L, Wilson J R. A numerical study of nonspherical black hole accretion. II. Finite differencing and code calibration. Astrophys. Suppl., 1984, 55: 211-246.

[15] Winkler K H A, Norman M L. Astrophysical Radiation Hydrodynamics. NATO Advanced Science Institutes (ASI) Series C, 1986, 188(223).

[16] von Neumann J. Theoretical mechanisms for solar eruptions. J. Appl. Phys., 1950, 21: 232.

[17] 安德森 J D. 计算流体力学基础及其应用. 吴颂平, 刘赵淼, 译. 北京: 机械工业出版社, 2007.

[18] van Leer B. Towards the ultimate conservative difference scheme. Ⅳ. A new approach to numerical convection. Journal of Computational Physics, 1977, 23(3): 276.

[19] Evans C R, Hawley J F. Simulation of magnetohydrodynamic flows: A constrained transport method. Astrophys. J., 1988, 332(2): 659-677.

[20] Hawley J F, Stone J M. MOCCT: A numerical technique for astrophysical MHD. Comput. Phys. Commun., 1995, 89(1-3): 127-148.

[21] Hart A B. Motions in the Sun at the photospheric level. Ⅳ. The equatorial rotation and possible velocity fields in the photosphere. Mon. Not. Roy. Astron. Soc., 1954, 114: 17.

[22] Leighton R B, Noyes R W, Simon G W. Velocity fields in the solar atmosphere. Ⅰ. Preliminary report. Astrophys. J., 1962, 135(2): 474.

[23] Rieutord M, Rincon F. The sun's supergranulation. Living Reviews in Solar Physics, 2010, 7(1): 2.

[24] Hathaway D H, Beck J G, Han S, et al. Radial flows in supergranules. Solar Phys., 2002, 205(1): 25-38.

[25] Rieutord M, Roudier T, Rincon F, et al. On the power spectrum of solar surface flows. A&A, 2010, 512: 338-345.

[26] Solanki S K, Inhester B, Schüssler M. The solar magnetic field. Reports on Progress in Physics, 2010, 69(3): 563-668.

[27] Lagg A, Solanki S K, Riethmüller T L, et al. Fully resolved quiet-sun magnetic

flux tube observed with the SUNRISE/IMAX instrument. Astrophys. J. Lett., 2010, 723(2): L164-L168.

[28] Khomenko E V, Collados M, Solanki S K, et al. Quiet-sun inter-network magnetic fields observed in the infrared. Astron. Astrophys., 2003, 408(3): 1115-1135.

[29] González M G M, Collados M, Cobo B R, et al. Internetwork magnetic field distribution from simultaneous 1.56 μm and 630 nm observations. Astron. Astrophys., 2012, 477(3): 953-965.

[30] de Wijn A G, Stenflo J O, Solanki S K, et al. Small-scale solar magnetic fields. Space Sci. Rev., 2009, 144: 275-315.

[31] Stenflo J O. Magnetic-field structure of the photospheric network. Solar Phys., 1973, 32(1): 41-63.

[32] Spruit H C, Zweibel E G. Convective instability of thin flux tubes. Solar Phys., 1979, 62(1): 15-22.

[33] Grevesse N, Sauval A J. A study of molecular lines in the solar photospheric spectrum. Astron. Astrophys., 1973, 27: 29.

[34] Schüssler M, Shelyag S, Berdyugina S, Vögler S, Solanki S K. Why solar magnetic flux concentrations are bright in molecular bands. Astrophys. J. Lett., 2003, 597(2): L173-L176.

[35] Steiner Q, Hauschildt P H, Bruls J. Radiative properties of magnetic elements. I. Why are vec G-band bright points bright? Astron. Astrophys., 2001, 372: L13-L16.

[36] Rutten R J, Kiselman D, Rouppe van der Voort L, et al. Proxy magnetometry of the photosphere: Why are G-band bright points so bright//Sigwarth M. Advanced Solar Polarimetry – Theory, Observation, and Instrumentation. Astronomical Society of the Pacific Conference Series, 2001: 445.

[37] Kiselman D, Rutten R J, Plez B. The formation of G-band bright points I: Standard LTE modellin//Brekke P, Fleck B, Gurman J B. Recent Insights into the Physics of the Sun and Heliosphere: Highlights from SOHO and Other Space Missions. IAU Symposium, 2001: 287.

[38] Berger T E, Rouppe van der Voort L, Löfdahl M. Contrast analysis of solar faculae and magnetic bright points. Astrophys. J., 2007, 661: 1272-1288.

[39] Dunn R B, Zirker J B. The solar filigree. Solar Phys., 1973, 33(2): 281-304.

[40] Berger T E, Title A M. On the dynamics of small-scale solar magnetic elements. Astrophys. J., 1996, 463(1): 365.

[41] Almeida J S, Márquez I, Bonet J A, et al. Bright points in the internetwork quiet sun. Astrophys. J. Lett., 2004, 609: L91-L94.

[42] de Wijn A G, Rutten R J, Haverkamp E M W P, et al. DOT tomography of the solar atmosphere. IV. Magnetic patches in internetwork areas. Astron. Astrophys., 2005, 441: 1183-1190.

[43] Möstl C, Hanslmeier A, Sobotka M, et al. Dynamics of magnetic bright points in an active region. Solar Phys., 2006, 237: 13-23.

[44] de Wijn A G, Lites B W, Berger T E, et al. Hinode observations of magnetic elements in internetwork areas. Astrophys. J., 2008, 684(2): 1469-1476.

[45] Utz D, Hanslmeier A, Muller R, et al. Dynamics of isolated magnetic bright points derived from Hinode/SOT G-band observations. Astron. Astrophys., 2010, 511: A39.

[46] Chitta L P, van Ballegooijen A A, Rouppe van der Voort L, et al. Dynamics of the solar magnetic bright points derived from their horizontal Motions. Astrophys. J., 2012, 752(1): 48.

[47] Bodnárová M, Utz D, Rybák J. On dynamics of G-band bright points. Solar Phys., 2014, 289(5): 1543-1556.

[48] Nisenson P, van Ballegooijen A A, de Wijn A G, et al. Motions of isolated G-band bright points in the solar photosphere. Astrophys. J., 2003, 587(1): 458-463.

[49] Keys P H, Mathioudakis M, Jess D B, et al. The velocity distribution of solar photospheric magnetic bright points. Astrophys. J. Lett., 2011, 740(2): L40.

[50] Yang Y F, Lin J B, Feng S, et al. Evolution of isolated G-band bright points: Size, intensity and velocity. Research in Astronomy and Astrophysics, 2014, 14(6): 741-752.

[51] Utz D, Hanslmeier A, Möstl C, et al. The size distribution of magnetic bright points derived from Hinode/SOT observations. Astron. Astrophys., 2009, 498(1): 289-293.

[52] Feng S, Deng L, Yang Y, et al. Statistical study of photospheric bright points in an active region and quiet Sun. Astrophys. Space Sci., 2013, 348(1): 17-24.

[53] Romano P, Berrilli F, Criscuoli S, et al. A comparative analysis of photospheric bright points in an active region and in the quiet sun. Solar Phys., 2012, 280(2): 407-416.

[54] Bovelet B, Wiehr E. The quiet sun's magnetic flux estimated from Ca II H bright inter-granular G-band structures. Astron. Astrophys., 2012, 551(3): 1101-1107.

[55] Monin A S, Iaglom A M. Statistical fluid mechanics: Mechanics of turbulence. Volume 2. Revised and enlarged edition. Boston: The MIT Press, 1975.

[56] Abramenko V I, Carbone V, Yurchyshyn V, et al. Turbulent diffusion in the photosphere as derived from photospheric bright point motion. Astrophys. J., 2011, 743(2): 217-234.

[57] Jafarzadeh S, Cameron R H, Solanki S K, et al. Migration of Ca II H bright points in the internetwork. Astron. Astrophys., 2014, 563: A101.

[58] Yang Y, Ji K, Feng S, et al. Dispersal of G-band bright points at different longitudinal magnetic field strengths. Astrophys. J., 2015, 810(2): 88.

[59] Hasan S S. Dynamical processes in flux tubes and their role in chromospheric heating. Journal of Astrophysics and Astronomy, 2000, 21(3-4): 283.

[60] de Pontieu B, Martens P C H, Hudson H S. Chromospheric damping of Alfvén waves. Astrophys. J., 2001, 558(2): 859-871.

[61] van Ballegooijen A A, Asgari-Targhi M, Cranmer S R, et al. Heating of the solar chromosphere and corona by Alfvén wave turbulence. Astrophys. J., 2011, 736(1): 3.

[62] Priest E. Magnetohydrodynamics of the Sun. Cambridge: Cambridge University Press, 2014

[63] Beckers J M. Solar Spicules. Annual Review of Astronomy and Astrophysics,

1972, 10: 73.

[64] Leenaarts J, Wedemeyer-Böhm S. DOT tomography of the solar atmosphere. III. Observations and simulations of reversed granulation. Astron. Astrophys., 2005, 431(2): 687-692.

[65] Rutten R J, de Wijn A G, Sütterlin P. DOT tomography of the solar atmosphere. II. Reversed granulation in Ca II H. Astron. Astrophys., 2004, 416(1): 333-340.

[66] Carlsson M, Stein R F. Formation of solar calcium H and K bright grains. Astrophys. J., 1997, 481(1): 500-514.

[67] McAteer R T J, Gallagher P T, Williams D R, et al. Long-period chromospheric oscillations in network bright points. Astrophys. J. Lett., 2002, 567: L165-L168.

[68] Bhattacharya J, Pereda E, Kariyappa R, et al. Application of non-linear analysis to intensity oscillations of the chromospheric bright points. Solar Phys., 2001, 199: 267-290.

[69] Tritschler A, Schmidt W. Network and internetwork bright points in the solar chromosphere//Wilson A. Solar Variability: From Core to Outer Frontiers. ESA Special Publication, 2002: 785-786.

[70] Kariyappa R, Narayanan A S, Dame L. Period-brightness relationship in chromospheric bright points. Bulletin of the Astronomical Society of India, 2005, 33: 19.

[71] Gosling J T. The solar flare myth. JGR, 1993, 98(18): 937.

[72] Munro R H, Gosling J T, Hildner E, et al. The association of coronal mass ejection transients with other forms of solar activity. Solar Phys., 1979, 61: 201.

[73] Hundhausen A J, Sawyer C B, House L, et al. Coronal mass ejections observed during the solar maximum mission. JGR, 1984, 89: 2639.

[74] 林元章. 太阳物理导论. 北京: 科学出版社, 2000.

[75] 方成, 丁明德, 陈鹏飞. 太阳活动区物理. 南京: 南京大学出版社, 2008.

[76] Gopalswamy N. Recent advances in the long-wavelength radio physics of the Sun. Planetary and Space Science, 2004, 52(15): 1399-1413.

[77] Howard R A, Sheeley N R, Jr, Michels D J, Koomen M J. The temporal variation of coronal mass ejections during 1979—1981. Bulletin of the American Astronomical Society, 1984, 16: 454.

[78] Munro R H, Sime D G. White-light coronal transients observed from SKYLAB May 1973 to February 1974. Solar Phys., 1985, 97: 191.

[79] Illing R M, Hundhausen A J. Observation of a coronal transient from 1.2 to 6 solar radii. JGR, 1985, 90: 275.

[80] Srivastava N, Schwenn R, Stenborg G. Comparative study of CMEs associated with eruptive prominences. Proc. of SOHO 8 Workshop, ESA, SP-446, 1999: 621.

[81] Gopalswamy N, Mikić Z, Maia D, et al. The Pre-CME sun. Space Sci. Rev., 2006, 123(1-3): 303.

[82] Hildner E. In Study of Traveling Interplanetary Phenomena. Dordrecht: D. Reidel Publ., 1977: 3.

[83] Howard R A, Sheeley N R, Koomen M J, et al. Coronal mass ejections: 1979—1981, JGR, 1985, 90: 8173.

[84] Howard R A, Sheeley N R, Michels D J, et al. The statistical properties of coronal mass ejections during 1979—1981. Adv. Space Res., 1984, 4: 307.

[85] Gopalswamy N, Kundu M R. Estimation of the mass of a coronal mass ejection from radio observations. ApJ, 1992, 390: 37.

[86] Jackson B V. Imaging of coronal mass ejections by the HELIOS spacecraft. Solar Phys., 1985, 100: 563.

[87] Jackson B V, Buffington A, Hick P L, Kahler S W, Altrock R C, Gold R E, Webb D F. The solar mass ejection imager//Proceedings of the eigth international solar wind conference: Solar wind eight. AIP Conference Proceedings, 1996, 382: 536-539.

[88] Vourlidas A, Buzasi D, Howard R A, et al. Solar variability: From core to outer frontiers. ESA Publications Division, 2002: 91.

[89] Gopalswamy N. Coronal mass ejections of solar cycle 23. JApA, 2006, 27: 243.

[90] Howard R A, Sheeley R A, Michels D J, et al. In the sun and the heliosphere

in three dimensions. ASSL, 1986, 123: 107.

[91] Macqueen R M, Burkepile J T, Holzer T E, et al. Solar coronal brightness changes and mass ejections during solar cycle 22. ApJ, 2001, 549: 1175.

[92] Gopalswamy N. A global picture of CMEs in the inner heliosphere//The Sun and the Heliosphere as an Integrated System. Dordrecht, The Netherlands: Kluwer Academic Publishers, 2004: 201.

[93] Gosling J T, Hildner E, Macqueen R M, et al. The speeds of coronal mass ejection events. Solar Phys., 1976, 48: 389.

[94] Hundhausen A J, Burkepile J T, Cyr O C. Speeds of coronal mass ejections: SMM observations from 1980 and 1984—1989. JGR, 1994, 99: 6543.

[95] Gopalswamy N, Lara A, Yashiro S, et al. Solar variability as an input to the Earth's environment. ESA Publications Division, 2003: 403.

[96] Chen J. Effects of toroidal forces in current loops embedded in a background plasma. ApJ, 1989, 338: 453.

[97] Cargill P J, Chen J, Spicer D S, et al. Magnetohydrodynamic simulations of the motion of magnetic flux tubes through a magnetized plasma. JGR, 1996, 101: 4855.

[98] Burkepile J T. Complexity of coronal mass ejections in the corona. Spring AGU Meeting 2002, SH22D-06.

[99] Funsten H O, Burkepile J T, Hundhausen A J, et al. Combined ulysses solar wind and SOHO coronal observations of several west limb coronal mass ejections. JGR, 1999, 104: 12493.

[100] Chen J, Krall J. Acceleration of coronal mass ejections. JGR, 2003, 108: 1410.

[101] Yashiro S, Gopalswamy N, Michalek G, et al. A catalog of white light coronal mass ejections observed by the SOHO spacecraft. JGR, 2004, 109: 07105.

[102] Yashiro S, Gopalswamy N, Michalek G, et al. Properties of narrow coronal mass ejections observed with LASCO. Adv. Space Res., 2003, 32(12): 2631.

[103] Howard R A, Michels D J, Sheeley N R, et al. The observation of a coronal transient directed at Earth. ApJ, 1982, 263: L101.

[104] Cane H V, Sheeley N R, Howard R A. Energetic interplanetary shocks, radio

emission, and coronal mass ejections. JGR, 1987, 92: 9869.

[105] Tousey R, Howard R A, Koomen M J. The frequency and nature of coronal transient events observed by OSO-7*. BAAS, 1974, 6: 295.

[106] Webb D F, Howard R A. The solar cycle variation of coronal mass ejections and the solar wind mass flux. JGR, 1994, 99: 4201.

[107] Cliver E W, Cyr O C, Howard R A, et al. In solar coronal structures. Bratislava: VEDA Publ. Co., 1994: 83.

[108] Lin J, van Ballegooijen A A. Catastrophic and non-catastrophic mechanisms for coronal mass ejections. ApJ, 2002, 576: 485.

[109] Švestka Z. Varieties of coronal mass ejections and their relation to flares. Space Sci. Rev., 2001, 95: 135.

[110] 林隽, Soon W, Baliunas S. 太阳大气中的爆发过程及其理论. 科学通报, 2002, 47(21): 1601.

[111] Hundhausen A J. Coronal mass ejections. Proc. 6th Internat Solar Wind Conf., 1988: 181.

[112] Carrington R C. Description of a singular appearance seen in the sun on September 1, 1859. MNRAS, 1859, 20: 13.

[113] Hodgson R. On a curious appearance seen in the sun. MNRAS, 1859, 20: 15.

[114] Dodson H W. Position and development of the solar flares of May 8 and 10, 1949. ApJ, 1949, 110: 382.

[115] Dodson H W, Hedeman H R. Survey of number of flares observed during the IGY. ApJ, 1960, 65: 51.

[116] Malville J M, Moreton G E. The expansion of flare filaments. PASP, 1963, 75: 176.

[117] Schmieder B, Forbes T G, Malherbe J M, et al. Evidence for gentle chromospheric evaporation during the gradual phase of large solar flares. ApJ, 1987, 317: 956.

[118] Forbes T G, Acton L W. Reconnection and field line shrinkage in solar flares. ApJ, 1996, 459: 330.

[119] Kleczek J. Mass balance in flare loops. AAS-NASA Symp. on Physics of Solar

Flares, 1964, 50: 77.

[120] Hudson H S, Ohki K. Soft X-ray and microwave observations of hot regions in solar flares. Solar Phys., 1972, 23: 155.

[121] Hirayama T. Theoretical model of flares and prominences. Solar Phys., 1974, 34: 323.

[122] Antiochos S K, Sturrock P A. Evaporative cooling of flares plasma. Solar Phys., 1978, 220: 1137.

[123] Sturrock P A. A classification of magnetic field configurations associated with solar flares. Solar Phys., 1971, 23: 438.

[124] Kopp R A, Pneuman G W. Magnetic reconnection in the corona and the loop prominence phenomenon. Solar Phys., 1976, 50: 85.

[125] Bruzek A. Motions in arch filament systems. Solar Phys., 1964, 8: 29.

[126] Roy J R. The magnetic configuration of the November 18, 1968 loop prominence system. Solar Phys., 1972, 26: 418.

[127] Forbes T G, Malherbe J M. A shock condensation mechanism for loop prominences. ApJ, 1986, 302: 67.

[128] Forbes T G, Malherbe J M, Priest E R. The formation of flare loops by magnetic reconnection and chromospheric ablation. Solar Phys., 1986, 120: 285.

[129] Forbes T G, Malherbe J M. A numerical simulation of magnetic reconnection and radiative cooling in line-tied current sheets. Solar Phys., 1991, 135: 361.

[130] Kahler S W, Sheeley N R, Liggett M. Coronal mass ejections and associated X-ray flare durations. ApJ, 1989, 344: 1026.

[131] Kahler S W. Solar flares and coronal mass ejections. ARA&A, 1992, 30: 113.

[132] Dryer M. Comments on the origins of coronal mass ejections. Solar Phys., 1996, 169: 421.

[133] Parker E N. Sudden expansion of the corona following a large solar flare and the attendant magnetic field and cosmic-ray effects. ApJ, 1961, 133: 1014.

[134] Wu S T, Dryer M, Han S M. Non-planar MHD model for solar flare-generated disturbances in the heliospheric equatorial plane. Solar Phys., 1983, 84: 395.

[135] Maxwell A, Dryer M, Mcintosh P. A piston-driven shock in the solar corona. Solar Phys., 1985, 97: 401.

[136] Harrison R A. Solar coronal mass ejections and flares. A&A, 1986, 162: 283.

[137] Andrews M D. A search for CMEs associated with big flares. Solar Phys., 2003, 218: 261.

[138] Wang Y M, Zhang J. A Comparative study between eruptive X-class flares associated with CMEs and confined X-class flares. ApJ, 2007, 665: 1428.

[139] Low B C. Solar activity and the corona. Solar Phys., 1996, 167: 217.

[140] Harrison R A. The nature of solar flares associated with coronal mass ejection. A&A, 1995, 304: 585.

[141] Svestka Z. Varieties of coronal mass ejections and their relation to flares. Space Sci. Rev., 2001, 95: 135.

[142] Zhang J, Dere K P, Howard R A, et al. On the temporal relationship between coronal mass ejections and flares. ApJ, 2001, 559: 452.

[143] Gilbert H R, Holzer T E, Burkepile J T, et al. Active and eruptive prominences and their relationship to coronal mass ejections. ApJ, 2000, 537: 503.

[144] Gopalswamy N, Shimojo M, Lu W, et al. Prominence eruptions and coronal mass ejection: A statistical study using microwave observations. ApJ, 2003, 586: 562.

[145] Zhou G P, Wang J X, Cao Z L. Correlation between halo coronal mass ejections and solar surface activity. A&A, 2003, 397: 1057.

[146] Fang C. Recent progress of solar physics research in China. Research in Astronomy and Astrophysics, 2011, 11(12): 1377-1402.

[147] Moreton G E, Ramsey H E. Recent observations of dynamical phenomena associated with solar flares. PASP, 1960, 72: 357.

[148] Uchida Y. Propagation of hydromagnetic disturbances in the solar corona and moreton's wave phenomenon. Solar Phys., 1968, 4: 30.

[149] Uchida Y. Behavior of the flare produced coronal MHD wavefront and the occurrence of type II radio bursts. Solar Phys., 1974, 39: 431.

[150] Kai K. Expanding arch structure of a solar radio outburst. Solar Phys., 1970,

11: 310.

[151] Wild J P, Smerd S F, Weiss A A. Solar bursts. ARA&A, 1963, 1: 291.

[152] Vršnak B, Warmuth A, Temmer M, et al. Multi-wavelength study of coronal waves associated with the CME-flare event of 3 November 2003. A&A, 2006, 448: 739.

[153] Chen P F, Wu S T, Shibata K, et al. Evidence of EIT and Moreton waves in numerical simulations. ApJ, 2002, 572: L99.

[154] Thompson B J, Plunkett S P, Gurman J B, et al. SOHO/EIT observations of an Earth-directed CME on May 12, 1997. Geophys. Res. Lett., 1998, 25(14): 2465.

[155] Moses D, Clette F, Delaboudiniere J P, et al. EIT observations of the Extreme Ultraviolet sun. Solar Phys., 1997, 175: 571.

[156] Thompson B J, Gurman J B, Neupert W M, et al. SOHO/EIT observations of the 1997 April 7 coronal transient: Possible evidence of coronal Moreton waves. ApJ, 1999, 517: L151.

[157] Delannée C, Aulanier G. CME associated with transequatorial loops and a bald patch flare. Solar Phys., 1999, 190: 107.

[158] Klassen A, Aurass H, Mann G, et al. Catalogue of the 1997 SOHO-EIT coronal transient waves and associated type II radio burst spectra. A&As, 2000, 141: 357.

[159] Wu S T, Guo W P, Andrews M D, et al. MHD interpretation of LASCO observations of a coronal mass ejection as a disconnected magnetic structure. Solar Phys., 1997, 175(2): 719-735.

[160] Wills-Davey M J, Thompson B J. Observations of a propagating disturbance in TRACE. Solar Phys., 1999, 190(1-2): 467-483.

[161] Zhukov A N, Auchère F. On the nature of EIT waves, EUV dimmings and their link to CMEs. A&As, 2004, 427: 705.

[162] Webb D F, Cliver E W, Crooker N U, et al. Relationship of halo coronal mass ejections, magnetic clouds, and magnetic storms. JGR, 2000, 105: 7491.

[163] Warmuth A, Vršnak B, Magdalenić J, et al. A multiwavelength study of solar

flare waves. I. Observations and basic properties. A&A, 2004, 418: 1101.

[164] Eto S, Isobe H, Narukage N, et al. Relation between a Moreton wave and an EIT wave observed on 1997 November 4. PASJ, 2002, 54(3): 481.

[165] Veronig A M, Temmer M, Vršnak B, et al. Interaction of a Moreton/EIT wave and a coronal hole. ApJ, 2006, 647: 1466.

[166] Thompson B J, et al. Structure of a large low-latitude coronal hole. Solar Phys., 2000, 193(1-2): 181-193.

[167] Warmuth A, et al. Evolution of two EIT/Hα Moreton waves. ApJ, 2001, 560(1): L105.

[168] Khan J I, Aurass H. X-ray observations of a large-scale solar coronal shock wave. A&A, 2002, 383: 1018.

[169] Narukage N, et al. Simultaneous observation of a Moreton wave on 1997 November 3 in Hα and soft X-rays. ApJ, 2002, 572: L109.

[170] Vršnak B, et al. Flare waves observed in Helium I 10830 Å: A link between Hα Moreton and EIT waves. A&A, 2002, 394: 299.

[171] Gilbert H R, et al. A comparison of CME-associated atmospheric waves observed in coronal (Fe XII 195Å) and chromospheric (He I 10830Å) lines. ApJ, 2004, 607: 540.

[172] Wang Y M. EIT waves and fast-mode propagation in the solar corona. ApJ, 2000, 543: L89.

[173] Wu S T, Zheng H N, Wang S, et al. Three-dimensional numerical simulation of MHD waves observed by the EIT. JGR, 2001, 106(A11): 25089.

[174] Delannée C. Another view of the EIT wave phenomenon. ApJ, 545: 512D.

[175] Ballai I, Erdélyi R, Pintér B. On the nature of coronal EIT waves. ApJ, 2005, 633: L145.

[176] Attrill G D A, et al. Coronal "wave": Magnetic footprint of a coronal mass ejection? ApJ, 2007, 656: L101.

[177] Wills-Davey M J, Deforest C E, Stenflo J O. Are "EIT waves" fast-mode MHD waves? ApJ, 2007, 664: 556W.

[178] Warmuth A, et al. A multiwavelength study of solar flare waves. II. Perturba-

tion characteristics and physical interpretation. A&A, 2004, 418: 1117.

[179] Biesecker D A, et al. Solar phenomena associated with "EIT waves". ApJ, 2002, 569: 1009.

[180] Hudson H S, et al. Soft X-ray observation of a large-scale coronal wave and its exciter. Solar Phys., 2003, 212: 121.

[181] Cliver E W, et al. On the origins of solar EIT waves. ApJ, 2005, 631: 604.

[182] Attrill G D A, et al. Coronal "wave": Magnetic footprint of a coronal mass ejection? ApJ, 2007, 656: L101.

[183] Chen P F. The relation between EIT waves and solar flares. ApJ, 2006, 641: L153.

[184] Hansen R T, Garcia C J, Hansen S F, et al. Abrupt depletions of the inner corona. PASP, 1974, 86: 500.

[185] Rust D M, Hildner E. Expansion of an X-ray coronal arch into the outer corona. Solar Phys., 1976, 48: 381.

[186] Webb D F, Mcintosh P S, Nolte J T, et al. Evidence linking coronal transients to the evolution of coronal holes. Solar Phys., 1978, 58: 389.

[187] Rust D M. Coronal disturbances and their terrestrial effects. Space Sci. Rev., 1983, 34: 21R.

[188] Hudson H S, Acton L W, Freeland S L. A long-duration solar flare with mass ejection and global consequences. ApJ, 1996, 470: 629.

[189] Zarro D M, Sterling A C, Thompson B J, et al. SOHO EIT observations of Extreme-Ultraviolet "dimming" associated with a halo coronal mass ejection. ApJ, 1999, 559: 452.

[190] Zarro D M, Sterling A C, Thompson B J, et al. SOHO EIT observations of Extreme-Ultraviolet "dimming" associated with a halo coronal mass ejection. ApJ, 1999, 520: L139.

[191] Thompson B J, Reynolds B, Aurass H, et al. Observations of the 24 September 1997 coronal flare waves. Solar Phys., 2000, 193: 162.

[192] Hudson H S, Cliver E W. Observing coronal mass ejections without corona-graphs. JGR, 2001, 106: 25199H.

[193] Sterling A C, Hudson H. YOHKOH SXT observations of X-ray "dimming" associated with a halo coronal mass ejection. ApJ, 1997, 491: L55.

[194] Jiang Y C, Ji H S, Wang H M, et al. Hα dimmings associated with the X1.6 flare and halo coronal mass ejection on 2001 October 19. ApJ, 2003, 597: L161.

[195] Jiang Y C, Wang J X. Photospheric magnetic field changes associated with the activations of a quiescent filament. A&A, 2000, 356: 1055.

[196] Jiang Y C, Wang J X. Filament activity and photospheric magnetic evolution related to flares. A&A, 2001, 367: 1022.

[197] Nitta S, Tanuma S, Shibata K, et al. Fast magnetic reconnection in free space: Self-similar evolution process. APJ, 2001, 550: 1119.

[198] 章振大. 日冕物理. 北京: 科学出版社, 2000.

[199] Shanmugaraju A, Moon Y J, Dryer M, et al. An investigation of solar maximum metric type II radio bursts: do two kinds of coronal shock sources exist? Solar Phys., 2003, 215: 161.

[200] Cliver E W, Webb D F, Howard R A. On the origin of solar metric type II bursts. Solar Phys., 1999, 187: 89.

[201] Cliver E W, Hudson H S. CMEs: How do the puzzle pieces fit together? J. Atmos. Solar Terrest. Phys., 2002, 64: 231.

[202] Gopalswamy N, Kaiser M L, Lepping R P, et al. Origin of coronal and interplanetary shocks: A new look with WIND spacecraft data. J. Geophys. Res., 1998, 103: 307.

[203] Gopalswamy N, Kaiser M L, Lepping R P, et al. Reply. J. Geophys. Res., 1999, 104: 4749G.

[204] Gopalswamy N, Kaiser M L, Sato J, et al. Shock wave and EUV transient during a flare//Ramaty R, Mandzhavidz N. High Energy Solar Physics Workshop - Anticipating HESSI, ASP Conference Series, Vol. 206. ISBN: 1-58381-033-1, 2000: 351.

[205] Cliver E W. Comment on "Origin of coronal and interplanetary shocks: A new look with Wind spacecraft data" by N. Gopalswamy et al. J. Geophys. Res., 1999, 104: 4743C.

[206] Gosling J T. The solar flare myth. J. Geophys. Res., 1993, A11(18): 937.

[207] Dryer M. Comments on the origins of coronal mass ejections. Solar Phys., 1996, 169: 421.

[208] Classen H T, Aurass H. On the association between type II radio bursts and CMEs. Astron. Astrophys., 2002, 384: 1098.

[209] Cane H V. Velocity profiles of interplanetary shocks// Solar Wind Five. NASA Conf. Publ., 1983, CP2280: 703.

[210] Bravo S, Nikiforova E. Characteristics of coronal mass ejections associated with interplanetary shocks. Solar Phys., 1994, 151: 333.

[211] Richardson I G, Farrugia C J, Winterhalter D. Solar activity and CMEs on the western hemisphere of the sun in mid-August 1989. JGR, 1994, 99(A2): 2513.

[212] Cane H V. The current status in our understanding of energetic particles// Coronal Mass Ejections, Geophys. Monograph, 99. Washington D. C.: AGU, 1997: 205.

[213] Sheeley N R, Howard R A, Michels D J, et al. Coronal mass ejections and interplanetary shocks. JGR, 1985, 90: 163.

[214] Gopalswamy N, Yashiro S, Kaiser M, et al. Characteristics of CMEs associated with long-wavelength type II radio bursts. JGR, 2001, 106(A12): 29219.

[215] Gopalswamy N, Lara A, Yashiro S, et al. Coronal mass ejection activity during solar cycle 23//Solar Variability as an Input to the Earth's Environment, ESA SP-535. ESA Publications Division, 2003: 403.

[216] Maxwell A, Dryer M. Characteristics of shocks in the solar corona, as inferred from radio, optical, and theoretical investigations. Space Sci. Rev., 1982, 32: 11.

[217] Robinson R D, Sheridan K V. A study of multiple type II solar radio events. Proc. Astron. Soc. Australia, 1982, 4: 392.

[218] Robinson R D. Velocities of type II solar radio events. Solar Phys., 1985, 95: 343.

[219] Klassen A, Karlický M, Aurass H. On two distinct shocks during the flare of

9 July 1996. Solar Phys., 1999, 188: 141.

[220] Uchida Y. Propagation of hydromagnetic disturbances in the solar corona and Moreton's wave phenomenon. Solar Phys., 1968, 4: 30.

[221] Wagner W J, Macqueen R M. The excitation of type II radio bursts in the corona. A&A, 1983, 120: 136.

[222] Vršnak B, et al. Formation of coronal MHD shock waves. I. The basic mechanism. Solar Phys., 2000, 196: 157.

[223] Vršnak B, Magdalenić J, Aurass H, et al. Comparative analysis of type ii bursts and of thermal and non-thermal flare signatures. Solar Phys., 2001, 202: 319.

[224] Cane H V, Reames D V. Soft X-ray emission, meter-wavelength radio bursts, and particle acceleration in solar flares. ApJ, 1988, 325: 895.

[225] Raymond J C, Thompson B J, et al. SOHO and radio observations of a CME shock wave. Geophys. Res. Lett., 2000, 27(10): 1439.

[226] Mancuso S, Raymond J C, Kohl K, et al. UVCS/SOHO observations of a CME-driven shock: Consequences on ion heating mechanisms behind a coronal shock. A&A, 2002, 383: 267.

[227] Cliver E W, Nitta N V, Thompson B J, et al. Coronal shocks of November 1997 revisited: The CME-type II timing problem. Solar Phys., 2005, 225: 105.

[228] Tang Y H, Dai Y. Some characteristics of two kinds of CMEs associated with erupting filament. Proc. of the Second French-Chinese Meeting on Solar Phys., Beijing: Inter. Sci. Publ. & World Publ. Co., 2003: 163.

[229] Lin J, Mancuso S, Vourlidas A. Theoretical investigation of the onsets of type II radio bursts during solar eruptions. ApJ, 2006, 649: 1110.

[230] Reiner M J, Kaiser M L, Plunkett S P, et al. Radio tracking of a white-light CME from solar corona to interplanetary medium. ApJ, 2000, 529: L53.

[231] Subramanian K R, Ebenezer E. A statistical study of the characteristics of type II double radio bursts. A&A, 2006, 451(2): 683.

[232] Magara T, Chen P F, Shibata K, et al. A unified model of coronal mass ejection-related type II radio bursts. ApJ, 2000, 538: L175.

[233] Mancuso S, Raymond J C. Coronal transients and metric type II radio bursts.

I. Effects of geometry. A&A, 2004, 413: 363.

[234] Mancuso S. Coronal transients and metric type II radio bursts. II. Accelerations at low coronal heights. A&A, 2007, 463: 1137.

[235] Forbes T G. Model prediction for magnetic shear changes during solar flares. ASP Conf. Seri., 1993, 46: 415.

[236] Forbes T G, Priest E R. Photospheric magnetic field evolution and eruptive flares. ApJ, 1995, 446: 377.

[237] McClymont A N, Fisher G H. On the mechanical energy available to drive solar flares// Waiter J H, Jr, Burch J L, Moore R L. Physics of Magnetic Flux Ropes(AGU), 54. Washington D.C.: AGU, 1989: 219.

[238] Melrose D B, McClymont A N. The resistances of the photosphere and of a flaring coronal loop. Solar Phys., 1987, 113: 241.

[239] Lin J, Soon W, Baliunas S L. Theories of solar eruptions: A review. New Astronomy Reviews, 2003, 47: 53L.

[240] Forbes T G. A review on the genesis of coronal mass ejections. JGR, 2000, 105: 23153.

[241] Low B C. Coronal mass ejection, flares and prominences// Habbal S R, Esser R, Hollweg J V, et al. Slar Wind Nine. Woodbury: AIP, 1999: 109.

[242] Klimchuk J A. Theory of coronal mass ejections//Song P, Siscoe G, Singer H. Space Weather(AGU Monograph 125). Washington D.C.: AGU, 2001: 143.

[243] Wolfson R. Energy requirements for opening the solar corona. ApJ, 1993, 419: 382.

[244] Forbes T G. A review on the genesis of coronal mass ejections. J. Geophys. Res., 2000, 105(A10): 23153-23166.

[245] Wolfson R, Low B C. Energy buildup in sheared force-free magnetic fields. ApJ, 1992, 391: 353.

[246] Mikić Z, Barnes D C, Schnack D D. Dynamical evolution of a solar coronal magnetic field arcade. ApJ, 1988, 328: 830.

[247] Mikić Z, Linker J A. Disruption of coronal magnetic field arcades. ApJ, 1994, 430: 898.

[248] Priest E R, Forbes T G. The evolution of coronal magnetic fields. Solar Phys., 1990, 130: 399.

[249] Finn J M, Chen J. Equilibrium of solar coronal arcades. ApJ, 1990, 349: 345.

[250] Antiochos S K, Devore C R, Klimchuk J A. A model for solar coronal mass ejections. ApJ, 1999, 510: 485.

[251] van Tend W. The onset of coronal transients. Solar Phys., 1979, 61: 89.

[252] van Tend W, Kuperus M. The development of coronal electric current systems in active regions and their relation to filaments and flares. Solar Phys., 1978, 59: 115.

[253] Sturrock P A. Explosive and nonexplosive onsets of instability. PhRvL, 1964, 16: 270.

[254] Low B C. Evolving force-free magnetic fields. I.The development of the preflare stage. ApJ, 1977, 212: 234.

[255] Birn J, Goldstein H, Schindler K. A theory of the onset of solar eruptive processes. Solar Phys., 1978, 57: 81.

[256] Priest E R, Milne A M. Force-free magnetic arcades relevant to two-ribbon solar flares. Solar Phys., 1980, 65: 315.

[257] Forbes T G, Isenberg P A. A catastrophe mechanism for coronal mass ejections. ApJ, 1991, 373: 294.

[258] Lin J, Forbes T G. Effects of reconnection on the coronal mass ejection process. J. Geophys. Res., 2000, 105: 2375.

[259] Lin J. Theoretical Mechanisms for Solar Eruptions. PhD thesis, Physics Dept, Univ. of N. H., Durham, 2001.

[260] Lin J. Energetics and propagation of coronal mass ejections in different plasma environments. ChJAA, 2002, 2: 539.

[261] Lin J, Raymond J C, van Ballegooijen A A. The role of magnetic reconnection of the observable features of solar eruptions. ApJ, 2004, 602: 422.

[262] Forbes T G. Magnetic reconnection in solar flares. Geophysical and Astrophysical Fluid Dynamics. ISSN 0309-1929, 62: 16-36.

[263] Isenberg P A, Forbes T G, Demoulin P. Catastrophic evolution of a force-free

flux rope: A model for eruptive flares. Astrophys. J., 1993, 417(1): 368.

[264] Forbes T G, Priest E R. Photospheric magnetic field evolution and eruptive flares. Astrophys. J., 1995, 446: 377.

[265] Forbes T G. A review on the genesis of coronal mass ejections. J. Geophys. Res., 2000, 105(A10): 23153-23166.

[266] Lin J, Mancuso S, Vourlidas A. Theoretical investigation of the onsets of type II radio bursts during solar eruptions. Astrophys. J., 2006, 649(2): 1110-1123.

[267] Lin J, Forbes T G, Isenberg P A, et al. The effect of curvature on flux-rope models of coronal mass ejections. Astrophys. J., 1998, 504(2): 1006-1019.

[268] Mackay D H, van Ballegooijen A A. Models of the large-scale corona. I . Formation, evolution, and liftoff of magnetic flux ropes. Astrophys. J., 2008, 641(1): 577-589.

[269] Wang H, Shen C, Lin J. Numerical experiments of wave-like phenomena caused by the disruption of an unstable magnetic configuration. Astrophys. J., 2009, 700(2): 1278-1282.

[270] Mei Z, Udo Z, Lin J. Numerical experiments of disturbance to the solar atmosphere caused by eruptions. Science China Physics, Mechanics, and Astronomy, 2012, 55: 1316-1329.

[271] Forbes T H. Numerical simulation of a catastrophe model for coronal mass ejections. J. Geophys. Res., 1990, 95: 11919-11931.

[272] Jrsittler E C, Guhathakurta M. Semiempirical two-dimensional magnetohydrodynamic model of the solar corona and interplanetary medium. Astrophys. J., 1999, 523(2): 812-826.

[273] Lin J. Observational features of large-scale structures as revealed by the catastrophe model of solar eruptions. Chin. J. Astron. Astrophys. , 2007, 7: 457-476.

[274] Robbrecht E, Berghmans D, van der Linden R A M. Automated LASCO CME catalog for solar cycle 23: Are CMEs scale invariant? Astrophys. J., 2009, 691: 1222-1234.

[275] Liu Z, Xu J, Gu B Z, et al. New vacuum solar telescope and observations with high resolution. Research in Astronomy and Astrophysics, 2014, 14: 705-718.

[276] Steiner O, Bruls J, Hauschildt H P. Why are G-Band bright points bright? // Sigwarth M. Advanced Solar Polarimetry – Theory, Observation, and Instrumentation. Astronomical Society of the Pacific Conference Series, 2001: 453.

[277] Roddier F. The effects of atmospheric turbulence in optical astronomy. Progress in Optics, 1981, 19(8): 281-376.

[278] Tatarskii V I. Wave Propagation in a Turbulent Medium. New York: McGraw-Hill Books, 1961: 285.

[279] Fried D L. Optical resolution through a randomly inhomogeneous medium for very long and very short exposures. Journal of the Optical Society of America (1917—1983), 1966, 56: 1372.

[280] Tokovinin A, Kornilov V. Accurate seeing measurements with MASS and DIMM. Mon. Not. Roy. Astron. Soc., 2007, 381: 1179-1189.

[281] Weigelt G P. Modified astronomical speckle interferometry "speckle masking". Optics Communications, 1977, 21: 55-59.

[282] Weigelt G, Wirnitzer B. Image reconstruction by the speckle-masking method. Optics Letters, 1983, 8: 389-391.

[283] Schou J, Scherrer P H, Bush R I, et al. Design and ground calibration of the helioseismic and magnetic imager (HMI) Instrument on the Solar Dynamics Observatory (SDO). Solar Phys., 2012, 275: 229-259.

[284] Muller R. The dynamical behavior of facular points in the quiet photosphere. Solar Phys., 1983, 85(1): 113-121.

[285] Muller R, Roudier T. Formation of network bright points by granule compression. Solar Phys., 1992, 141(1): 27-33.

[286] Feng S, Ji K F, Deng H, et al. Automatic detection and extraction algorithm of inter-granular bright points. Journal of Korean Astronomical Society, 2012, 45: 167-173.

[287] Keys P H, Mathioudakis M, Jess D B, et al. Dynamic properties of bright points in an active region. Astron. Astrophys., 2014, 566: A99.

[288] Almeida J S, Bonet J A, Viticchié B, et al. Magnetic bright points in the quiet

sun. Astrophys. J. Lett., 2010, 715: L26-L29.

[289] Ji K F, Xiong J P, Xiang Y Y, et al. Investigation of intergranular bright points from the New Vacuum Solar Telescope. Research in Astronomy and Astrophysics, 2016, 16: 78.

[290] Crockett P J, Mathioudakis M, Jess D B, et al. The area distribution of solar magnetic bright points. Astrophys. J. Lett., 2010, 722: L188-L193.

[291] Berger T E, Löfdahl M G, Shine R A, et al. Measurements of solar magnetic element dispersal. Astrophys. J., 1998, 506: 439-449.

[292] De Pontieu B. High-resolution observations of small-scale emerging flux in the photosphere. Astrophys. J., 2002, 569: 474-486.

[293] Shelyag S, Fedun V, Erdélyi R, et al. Vortices in the solar photosphere// Rimmele T R, Tritschler A, Wöger F, et al. Second ATST-EAST Meeting: Magnetic Fields from the Photosphere to the Corona. Astronomical Society of the Pacific Conference Series, 2012: 107.

[294] Bonet J A, Márquez I, Almeida J S, et al. Convectively driven vortex flows in the sun. Astrophys. J. Lett., 2008, 687: L131.

彩　　图

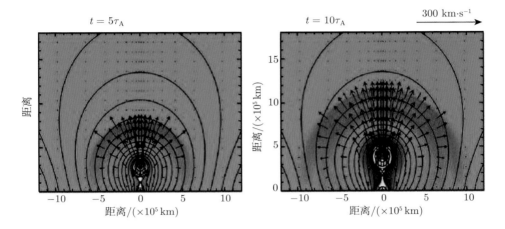

$t = 5\tau_{\mathrm{A}}$　　　　　　　$t = 10\tau_{\mathrm{A}}$　　　　　　$300\ \mathrm{km \cdot s^{-1}}$

图 4.13　数值模拟磁绳爆发的演化过程, 其中颜色代表密度, 实线为磁力线, 而箭头代表

速度[153]

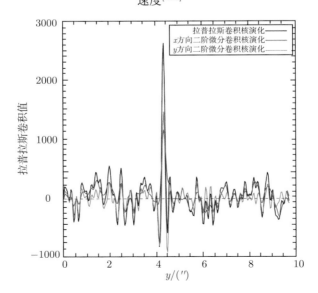

图 6.13　图 6.12 中白线上像素的拉普拉斯卷积核 (6.6), x, y 方向二阶微分卷积核 [(6.7) 和

(6.8)] 的卷积结果。整条白线上沿着 y 方向自下而上穿过亮点的三个卷积结果

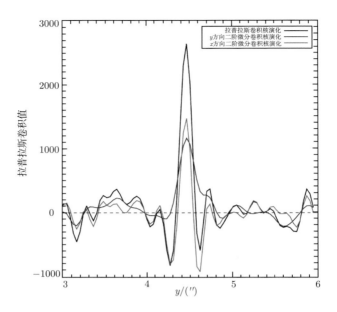

图 6.14　图 6.13 中白线上经过亮点区域的线段的放大图

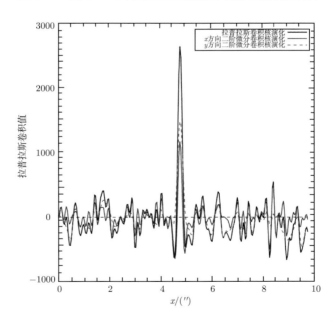

图 6.16　图 6.15 中白线上像素的拉普拉斯卷积核 (6.6)，x, y 方向二阶微分卷积核 [(6.7) 和

(6.8)] 的卷积结果，整条白线上沿着 x 方向自左而右穿过亮点的三个卷积结果

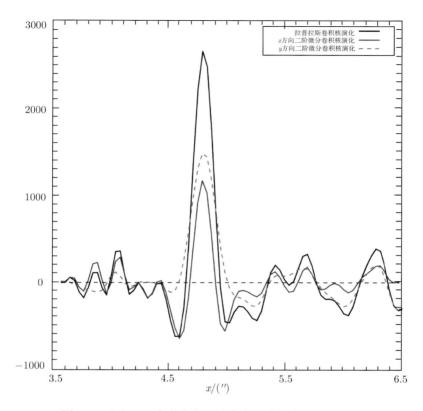

图 6.17　图 6.16 中白线上经过亮点区域的线段的放大图